Autour des inégalités isopérimétriques

Sous la direction de
Alessio Figalli

Les Éditions de l'École polytechnique

Préface

Au cours de leur deuxième année, les élèves de l'École Polytechnique sont tenus de travailler, en petits groupes, sur un projet scientifique qui leur tient à coeur. Ce projet est pour les élèves une occasion exceptionnelle de s'interroger sur leurs intérêts scientifiques personnels et d'approfondir une thématique qui les intéresse plus particulièrement.

Durant l'année académique 2008-2009, le groupe formé par William Bench, Carlo De Franchis, Laurent Deproit, Sébastien Gilles, Byunghyun Oh, Adrien Tenne et Kevin Webster a montré un intérêt particulier pour les mathématiques, et plus spécifiquement pour le thème des inégalités isopérimétriques, qu'ils souhaitaient étudier aussi bien d'un point de vue mathématique purement théorique que pour ses applications dans d'autres disciplines.

J'ai eu le grand plaisir d'être le tuteur d'étudiants aussi motivés et de les encadrer au long de ce projet, alors que j'occupais cette année un poste de « Professeur Hadamard » à l'École Polytechnique.

Le problème fondamental dans le domaine des inégalités isopérimétriques consiste à déterminer la forme d'un objet telle qu'elle minimise sa surface pour un volume fixé. Ce domaine des mathématiques a été, et continue d'être, une frontière extrêmement active des mathématiques. Ses applications sont très variées : d'une part dans les disciplines mathématiques que sont la géométrie, l'analyse, les probabilités et la théorie des groupes ; d'autre part dans d'autres sciences comme la physique, la chimie ou l'informatique.

Il est souvent difficile, surtout pour un étudiant, mais aussi pour un jeune chercheur, qui pénètrent dans ce monde, de se repérer parmi la grande quantité de références actuellement disponibles sur le sujet des inégalités isopérimétriques. Plus encore, il est très rare de trouver un texte qui traite à la fois ce sujet de plusieurs points de vue, donnant ainsi au lecteur les bases nécessaires pour aborder ce domaine, tout en offrant une vision suffisamment large pour envisager ses liens avec des disciplines autres que les mathématiques ; ce qui permet notamment d'entrevoir ses principales applications.

Ce livre est pour cette raison assez unique en son genre. Écrit par des étudiants appliqués à comprendre toutes les ramifications du sujet et à bien le cerner, il propose une introduction au domaine particulièrement complète et accessible, que je conseille vivement à ceux qui abordent ce problème. Tout en étant d'une remarquable simplicité, l'ouvrage parvient à montrer les liens avec d'autres disciplines comme le transport optimal, la géométrie Riemannienne et les inégalités fonctionnelles, ainsi que plusieurs applications très importantes comme l'étude de la forme des cristaux ou encore la réduction de mots.

Cet ouvrage est le résultat de plusieurs mois de travail intensif qui se sont vus récompensés par une mention spéciale du jury de l'École Polytechnique et par la présente publication. Je tiens à exprimer ma joie et ma satisfaction de voir le résultat de ce travail, qui est allé bien au delà de ce qui est d'ordinaire requis pour un tel projet, aboutir à la publication de ce livre qui fera, je l'espère, référence sur le sujet fascinant des inégalités isopérimétriques.

Alessio Figalli

Avant-Propos

Le présent recueil est consacré au problème des inégalités isopérimétriques, qui consiste en la maximisation du volume à surface fixée ou, ce qui est équivalent, en la minimisation de la surface à volume fixé. Historiquement, la première référence à ce problème est due à Virgile, dans *l'Enéide* : pour fonder la ville de Carthage, la reine Didon acheta au roi de Numidie, fort avare, « autant de terre que peut en contenir une peau de boeuf ». Ayant fait découper la peau en fines lanières, elle traça un demi-cercle immense de façon à conserver une large façade maritime tout en maximisant l'aire de la nouvelle cité, donnant par là-même la solution du cas de la dimension 2.

Nous sommes partis de cette approche historique pour obtenir une généralisation de ces résultats. Mais, comme nous ne concevons pas les mathématiques comme une science cloisonnée où analystes et algébristes vivent séparés par une frontière étanche, où théoriciens et mathématiciens appliqués évoluent dans des univers distincts, nous avons retrouvé l'influence des problèmes isopérimétriques dans des domaines très variés. Nous avons ainsi mis au jour un véritable fil conducteur reliant les développements les plus abstraits aux faits de la vie quotidienne. Nous espérons ainsi présenter au lecteur un tour d'horizon sinon exhaustif, du moins très varié des domaines où entrent en jeu les inégalités isopérimétriques. Nous commencerons par les aborder par le biais du calcul variationnel, outil fondamental pour l'ingénieur en charge de modélisations mathématiques. Après avoir donné une preuve directe pour la dimension 2, nous introduirons un résultat primordial du calcul variationnel, le théorème d'Euler-Lagrange.

FIGURE 1 – La fondation de Carthage

Nous prouverons ensuite l'inégalité en dimension n via une méthode analytique, fondée sur la symétrisation de Steiner, qui aboutit à l'inégalité de Brunn-Minkowski dont découle l'inégalité isopérimétrique. Ce procédé nous permettra de montrer l'inégalité de Faber-Krahn, résultat que nous retrouverons immédiatement après dans le chapitre consacré aux applications physico-chimiques. Nous étudierons alors des problèmes de cristallographie, mais aussi de minimisation d'énergie, illustrant notre propos à l'aide de résultats expérimentaux obtenus à partir de films de savon, puis nous aborderons la problématique de la reconnaissance de la forme d'un tambour à partir de ses harmoniques. Nous utiliserons ensuite une approche dont l'origine remonte à Gaspard Monge, un des fondateurs de l'École Polytechnique, et en relation avec l'économie : la théorie du transport optimal. Elle nous permettra de démontrer l'inégalité de Prékopa-Leindler, cette dernière conduisant à l'inégalité de Brunn-Minkowski et donc, comme dans notre seconde partie, à l'inégalité isopérimétrique. Dans la foulée, nous abandonnerons l'analyse pour nous consacrer à l'algèbre ; nous nous intéresserons à une catégorie bien précise de groupes - les groupes finiment engendrés - sur lesquels nous montrerons une variante de l'inégalité isopérimétrique. Les outils mis en place à cette occasion nous permettront d'aboutir à un résultat sur certains graphes et d'étudier une application à la réduction des mots, notamment via l'algorithme de Dehn. Nous terminerons notre étude par quelques résultats en géométrie riemannienne où la complexité des objets entrant en jeu nous a conduits à nous limiter au cas de la dimension 2. En guise de conclusion, nous présenterons un aperçu global et synthétique des relations existant entre les divers résultats que nous aurons montrés.

Nous tenons à remercier chaleureusement MM. Figalli et Viterbo, pour l'aide précieuse qu'ils nous ont apportée dans nos recherches ainsi que durant la phase de relecture.

Les auteurs

Table des matières

Chapitre 1

Lien avec le calcul variationnel

1.1 Qu'est-ce que le calcul variationnel ?

L'objet du calcul variationnel est de déterminer les extrema de fonctionnelles. Une fonctionnelle est une « sur-fonction », c'est-à-dire une fonction définie sur un espace fonctionnel.

Un exemple typique en mathématiques est celui de la recherche de courbes ou de surfaces minimales. Une surface étant donnée, quel est sur cette surface le chemin le plus court pour aller d'un point à un autre ? Les chemins, ou courbes, qui vérifient cette condition de minimalité sont appelés des géodésiques. Ces courbes minimisent une intégrale, à savoir la longueur de la courbe. On peut aussi chercher des courbes reliant deux points mais respectant d'autres contraintes (on en verra un exemple plus loin avec la brachistochrone). On peut également chercher à maximiser la surface délimitée par une courbe de périmètre fixé. Enfin, étant donné un contour, on peut s'efforcer de minimiser la surface s'appuyant sur ce contour. De tels problèmes peuvent être ramenés à la recherche d'extrema de fonctionnelles et, en ce sens, constituent des problèmes de calcul variationnel.

En physique, on peut exprimer les lois sous la forme de *principes variationnels*. Les problèmes physiques se ramènent alors généralement à trouver le chemin extrémisant (souvent minimisant) une quantité : l'action. Cette idée sera développée plus loin avec les équations d'Euler-Lagrange.

Pour construire un cadre rigoureux adapté au calcul variationnel, nous allons introduire la notion d'espaces de Sobolev.

Définition 1.1.1 (Espaces de Sobolev)**.** Soit $n, k > 0$ des entiers, $p \geq 1$ un réel et U un ouvert de $\mathbb{R}^n$. L'espace de Sobolev $W^{k,p}(U)$ est l'ensemble des fonctions u dans $L^p(U)$ dont, pour tout multi-indice α avec $|\alpha| \leq k$, la distribution $D^\alpha u$ appartient aussi à $L^p(U)$. On munira $W^{k,p}(U)$ de la norme $\|u\| = \sum_{0 \leq |\alpha| \leq k} \|D^\alpha u\|_p$.

On montre aisément que $W^{k,p}(U)$ est un espace de Banach. En particulier, le théorème des fonctions implicites et certains résultats qui en découlent (dont, par exemple, le théorème des extrema liés) s'appliquent.

Le résultat suivant est primordial :

Lemme 1.1.2 (Lemme fondamental du calcul des variations)**.** *Soit $\mathcal{P}(h)$ la propriété*

$$[h \in \mathcal{C}^\infty([a,b]) \; et \; h(a) = h(b) = 0],$$

respectivement

$$\left[h \in \mathcal{C}^\infty([a,b]) \; et \int_a^b h(x)\, dx = 0\right].$$

Si f est une fonction intégrable définie sur le segment $[a,b]$ telle que

$$\int_a^b f(x) h(x)\, dx = 0$$

pour toute fonction h vérifiant $\mathcal{P}(h)$, alors f est la fonction nulle (respectivement constante), au sens de l'égalité presque partout.

Démonstration. Soit g une fonction réelle de classe C^∞ à support compact inclus dans $]a,b[$.

Si $\mathcal{P}(h)$ désigne $[h \in \mathcal{C}^{\infty}([a,b])\ et\, h(a) = h(b) = 0]$ alors $\mathcal{P}(g)$ est vraie (car g est à support compact inclus dans $]a,b[$) et donc par hypothèse sur f, on a $\int_a^b f(x)\, g(x)\ dx = 0$. On en déduit donc que pour toute fonction réelle g le crochet $\langle f, g\rangle_{]a,b[}$ est nul. Ainsi f est nulle au sens des distributions, donc nulle au sens de l'égalité presque partout.

Si $\mathcal{P}(h)$ désigne $\left[h \in \mathcal{C}^{\infty}([a,b])\ et\ \int_a^b h(x)\ dx = 0\right]$ alors, si h_0 est une fonction $\mathcal{C}^{\infty}$ à support compact dont l'intégrale sur le segment $[a,b]$ est 1 et si

$$g_1 = g - h_0 \int_a^b g(x)\ dx,$$

on a

$$\int_a^b g_1(x)\ dx = 0$$

donc, puisque $\mathcal{P}(g_1)$ est vérifiée,

$$\int_a^b f(x)\, g_1(x)\ dx = 0,$$

puis

$$\int_a^b f(x)\, g(x)\ dx = \int_a^b g(x)\ dx \cdot \int_a^b f(x)\, h_0(x)\ dx.$$

D'où dans $\mathcal{D}'(]a,b[)$,

$$\langle f - c, g\rangle_{]a,b[} = 0$$

où c désigne la constante $\int_a^b f(x)\, h_0(x)\ dx$. On en déduit que, au sens des distributions, $f = c$ et donc que f est une constante au sens de L^1. □

Dans un problème de calcul variationnel, l'utilisation de fonctions auxiliaires (notées ici h) permet d'obtenir des conditions du type

$$\int_a^b f(x)\, h(x)\ dx = 0$$

où f dépend directement de la fonction qui extrémise la fonctionnelle. Par le lemme précédent, f est nécessairement nulle. Ainsi, l'usage de fonctions auxiliaires permet de fournir des conditions sur les solutions du problème. En physique, l'usage de fonctions auxilaires est interprété comme l'introduction de perturbations (représentées typiquement sous la forme δg).

Nous allons illustrer ces méthodes sur deux problèmes : tout d'abord le thème de notre ouvrage, l'inégalité isopérimétrique, puis un exemple historiquement important, celui de la brachistochrone. La comparaison des deux problèmes nous mènera vers une variante de démonstration de l'inégalité isopérimétrique.

1.2 L'inégalité isopérimétrique

1.2.1 Définition du problème isopérimétrique

En termes intuitifs, nous cherchons une forme géométrique qui maximise le rapport entre volume et surface (ce rapport se fera « à la bonne puissance », compte tenu de la dimension, pour que le résultat soit homogène). En dimension 2, c'est-à-dire dans le plan, il est équivalent de chercher les courbes qui, à périmètre fixé, maximisent l'aire délimitée ou qui, à aire fixée, minimisent le périmètre. Pour se convaincre de cela, il suffit de remarquer qu'on se restreint aux formes géométriques délimitées par des courbes fermées (pour qu'elles délimitent une surface) à support compact (pour que l'aire soit finie). On procède ensuite par homogénéité du rapport pour fixer l'une des deux grandeurs (aire ou périmètre), ce qui nous ramène aux deux énoncés mentionnés ci-dessus.

Dans cette première partie, nous considérons une courbe paramétrée du plan, fermée (c'est-à-dire dont le paramètre décrit un cercle), à support compact et de classe C^1. Notre but est de montrer, par analyse variationnelle, que s'il existe une solution au problème isopérimétrique en dimension 2, il s'agit du cercle. Nous ne démontrerons pas ici l'existence d'une solution, ce qui est beaucoup plus délicat.

1.2.2 Première démonstration par approche variationnelle

L'objectif est de montrer que la courbe du plan qui, à aire fixée, a le plus petit périmètre, est le cercle. Soit $\mathcal{C}$ une courbe qui soit un minimum local du périmètre sur l'ensemble des courbes fermées à support compact délimitant une surface d'aire A donnée. Remarquons encore une fois que l'on suppose que cette courbe existe. Nous allons montrer, par calcul variationnel, que c'est un cercle. La démonstration qui suit est tirée de [6].

Soit $\underline{\phi} : C \to \mathbb{R}^2$ une fonction associée à cette courbe, où C désigne le cercle unité du plan. On pose $\underline{f} :]-\epsilon_0, \epsilon_0[\times C \to \mathbb{R}^2$ telle que

$$\underline{f}(\epsilon, t) = \underline{\phi}_\epsilon(t) = \underline{\phi}(t) + \psi(\epsilon, t)\underline{n}(t)$$

où $\underline{n}(t)$ est la normale (extérieure) de la courbe $\mathcal{C}$, avec de plus $\psi(0, t) = 0$ et ψ de classe C^1. Il s'agit d'une petite perturbation autour de la solution trouvée.

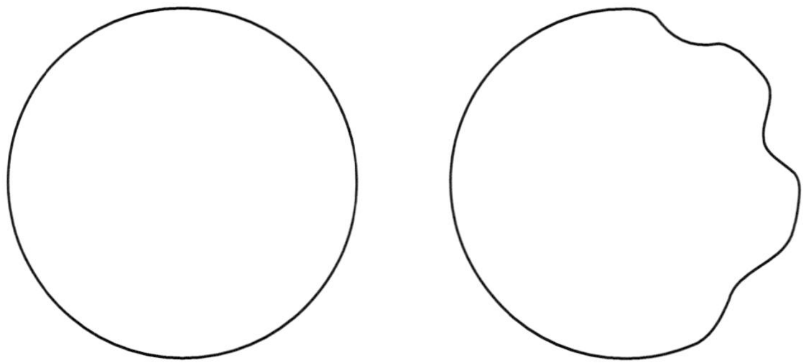

FIGURE 1.1 – Perturbation du cercle

La variation d'aire élémentaire dA vaut $\det\left(\frac{\partial \underline{f}}{\partial \epsilon}, \frac{\partial \underline{f}}{\partial t}\right) d\epsilon\, dt$. Puisqu'on suppose qu'on reste dans l'ensemble des courbes d'aire A, on a :

$$\int dA = \int_0^\epsilon \int_C \det\left(\frac{\partial \underline{f}}{\partial \epsilon}, \frac{\partial \underline{f}}{\partial t}\right) d\epsilon'\, dt = 0$$

où ϵ' et t sont les variables (muettes) d'intégration.

Nous allons tout exprimer en fonction de $g(t) = \frac{\partial \psi}{\partial \epsilon}|_{\epsilon=0}$, le but étant de montrer que $\int_{\mathcal{C}} g ds = 0$. On notera que l'on « mélange » volontairement $g(t)$ et $g(s)$, g étant définie « sur la courbe fermée », et donc indépendamment du paramétrage choisi. On considère l'objet géométrique et non le paramétrage. On a

$$\frac{\partial \underline{f}}{\partial \epsilon} = \frac{\partial \psi}{\partial \epsilon} \underline{n} = g \underline{n} + o(1)$$

et

$$\frac{\partial \underline{f}}{\partial t} = \underline{\phi}' + \frac{\partial \psi}{\partial t} \underline{n} + \psi \underline{n}' = \underline{\phi}' + \frac{\partial \psi}{\partial t} \underline{n} + \psi K \underline{\phi}' = (1 + K\psi) \underline{\phi}' + \frac{\partial \psi}{\partial t} \underline{n},$$

où K est la courbure de $\mathcal{C}$.

En effet, les vecteurs $\underline{\phi}'$ et $\underline{n}$ étant orthogonaux, on a :

$$\int_0^{\epsilon} \int_C \det \left(\frac{\partial \underline{f}}{\partial \epsilon}, \frac{\partial \underline{f}}{\partial t} \right) d\epsilon' \, dt = \epsilon \int_C (g\,(1 + o(1)) \, |\underline{\phi}'| \, dt.$$

Cette dernière intégrale étant nulle au voisinage de $\epsilon = 0$, il faut que $\int_{\mathcal{C}} g(s) \, ds = 0$.

Il n'est pas difficile de montrer que, réciproquement, à toute fonction g de classe C^1 vérifiant l'égalité $\int_{\mathcal{C}} g(s) \, ds = 0$, on peut associer une fonction f qui correspond à cette variation.

Exprimons maintenant le périmètre $P(\epsilon)$ en fonction de g. D'abord, remarquons que par hypothèse, $P'(0) = 0$. Ensuite, on a

$$P(\epsilon) = \int_C \left| \frac{\partial \underline{f}}{\partial t} \right| dt = \int_{\mathcal{C}} (1 + \epsilon K g + o(\epsilon)) ds,$$

On a donc :

$$\int_{\mathcal{C}} K g(s) \, ds = P'(0) = 0.$$

Ceci étant vrai pour tout g, on en déduit par le lemme fondamental du calcul des variations (lemme 1.1.2) que K est une constante, ce qui montre bien que $\mathcal{C}$ est un cercle. Une condition nécessaire pour être un minimum est donc d'être un cercle.

1.3 Le problème de la brachistochrone

1.3.1 Un problème de physique

Cette fois-ci, il s'agit de trouver la courbe que doit suivre un point matériel M soumis à la pesanteur pour minimiser le temps de parcours d'un point A vers un point B, tous deux fixés. La vitesse initiale du point matériel est supposée nulle. Cette courbe s'appelle la brachistochrone. Elle fut étudiée et nommée ainsi par le mathématicien et physicien suisse Jean Bernoulli, comme le rappelle Peter Parker dans le film *Spiderman 2*. Nous allons montrer, en utilisant des résultats classiques de l'analyse variationnelle, qu'il s'agit d'une cycloïde.

Modélisons d'abord le problème physique. On oriente un axe y verticalement vers le bas, un axe x horizontalement vers la droite. Par conservation de l'énergie, on a $\frac{1}{2}mv^2 = mgy$ où v est la vitesse du point M, m sa masse et g la pesanteur. On a donc $\frac{ds}{dt} = v = \sqrt{2gy}$. D'où

$$T = \int_A^B \frac{ds}{\sqrt{2gy}} = \int_{x_A}^{x_B} \sqrt{\frac{1+\dot{y}^2}{2gy}}dx$$

où T est donc le temps de parcours total. Nous cherchons une fonction y de classe C^1, telle que $y(x_A) = y_A$ et $y(x_B) = y_B$, qui minimise cette intégrale. Arrivé à ce stade, on remarque qu'on est bel et bien devant un problème variationnel : il s'agit de trouver le minimum d'une fonction dont l'argument varie dans un espace fonctionnel.

1.3.2 Résolution de ce problème

Pour résoudre le problème nous allons montrer successivement l'équation d'Euler-Lagrange et l'identité de Beltrami, deux théorèmes puissants du calcul variationnel. Le second découle du premier, qui lui-même est le fruit des techniques variationnelles étudiées au tout début de cette partie.

Théorème 1.3.1 (Équation d'Euler-Lagrange)**.** *Soit*

$$f :]x_0, x_1[\times\mathbb{R}^n \times \mathbb{R}^n \longrightarrow \mathbb{R}$$

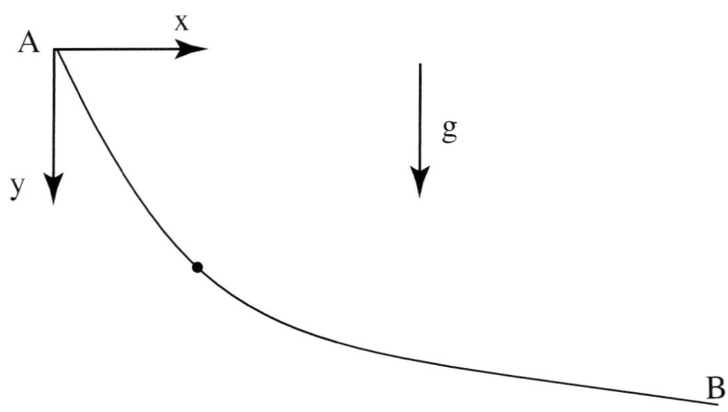

FIGURE 1.2 – Schéma du problème physique

intégrable selon la première variable, et de classe C^2. Soit

$$T = \int_{x_0}^{x_1} f(x, y, \dot{y}) dx$$

Une condition nécessaire pour que $y \in C^2$ soit un extremum local de T, avec comme condition sur les bornes $y(x_i) = y_i$, où les y_i sont fixées, est que y vérifie l'équation d'Euler-Lagrange

$$\frac{\partial f}{\partial y} - \frac{d}{dx}\left(\frac{\partial f}{\partial \dot{y}}\right) = 0.$$

Démonstration. Il s'agit d'une version plus rigoureuse que celle que l'on peut trouver dans [21]. Considérons donc les perturbations de y

$$y_\epsilon(x) = y(x) + \epsilon\eta(x)$$

où η est une fonction différentiable vérifiant les conditions :

$$\eta(x_0) = \eta(x_1) = 0$$

qui correspondent aux conditions aux bords de y.

On considère alors la fonction suivante :

$$T(\epsilon) = \int_{x_0}^{x_1} f(x, y_\epsilon, \dot{y}_\epsilon) dx$$

Il faut maintenant calculer la dérivée de T par rapport à ϵ. On définit g comme la fonction qui à (x, ϵ) associe $f(x, y_\epsilon, \dot{y})$. Soit

$$\frac{dT}{d\epsilon} = \int_{x_0}^{x_1} \frac{\partial g}{\partial \epsilon}(x, y_\epsilon(x), \dot{y}_\epsilon(x)) dx.$$

En détaillant le calcul, on poursuit par

$$\frac{\partial g}{\partial \epsilon} = \frac{\partial f}{\partial y}\frac{\partial y_\epsilon}{\partial \epsilon} + \frac{\partial f}{\partial \dot{y}}\frac{\partial \dot{y}_\epsilon}{\partial \epsilon} = \eta(x)\frac{\partial f}{\partial y} + \dot{\eta}(x)\frac{\partial f}{\partial \dot{y}}.$$

On a donc

$$\frac{dT}{d\epsilon} = \int_{x_0}^{x_1} \eta(x)\frac{\partial f}{\partial y} + \dot{\eta}(x)\frac{\partial f}{\partial \dot{y}} dx$$

Or, T est extrémal pour $\epsilon = 0$ donc $T'(0) = 0$. Ainsi

$$T'(0) = \int_{x_0}^{x_1} \eta(x)\frac{\partial f}{\partial y} dx + \int_{x_0}^{x_1} \dot{\eta}(x)\frac{\partial f}{\partial \dot{y}} dx = 0$$

On procède alors à une intégration par parties :

$$0 = \int_{x_0}^{x_1} \eta(x)\frac{\partial f}{\partial y} dx + \left[\eta(x)\frac{\partial f}{\partial \dot{y}}\right]_{x_0}^{x_1} - \int_{x_0}^{x_1} \eta(x)\frac{d}{dx}\frac{\partial f}{\partial \dot{y}} dx$$

$$0 = \int_{x_0}^{x_1} \left(\frac{\partial f}{\partial y} - \frac{d}{dx}\frac{\partial f}{\partial \dot{y}}\right) \eta(x) dx + \left[\eta(x)\frac{\partial f}{\partial \dot{y}}\right]_{x_0}^{x_1}.$$

On utilise alors les conditions aux bords imposées aux perturbations considérées, à savoir : $\eta(x_0) = \eta(x_1) = 0$. On obtient donc

$$0 = \int_{x_0}^{x_1} \left(\frac{\partial f}{\partial y} - \frac{d}{dx} \frac{\partial f}{\partial \dot{y}} \right) \eta(x) dx.$$

On applique alors le lemme fondamental du calcul des variations (lemme 1.1.2) avec $\eta(x_0) = \eta(x_1) = 0$. On trouve alors le résultat souhaité :

$$\frac{\partial f}{\partial y} - \frac{d}{dx} \frac{\partial f}{\partial \dot{y}} = 0.$$

□

Souvent, et c'est le cas pour le problème de la brachistochrone, f ne dépend pas de x. On peut dans ce cas utiliser l'identité de Beltrami, qui est une version simplifiée de l'équation d'Euler-Lagrange (c'est en fait l'équivalent de la propriété de conservation de l'hamiltonien en régime stationnaire, cet hamiltonien étant aussi qualifié d'énergie).

Théorème 1.3.2 (Identité de Beltrami). *Dans le cas où* $\frac{\partial f}{\partial x} = 0$*, l'équation d'Euler-Lagrange se simplifie en*

$$f - \dot{y} \frac{\partial f}{\partial \dot{y}} = C,$$

où C *est une constante d'intégration.*

Démonstration. Dérivons $f - \dot{y}\frac{\partial f}{\partial \dot{y}}$ par rapport à x. On obtient

$$\underbrace{\frac{\partial f}{\partial x}}_{=0} + \frac{\partial f}{\partial y}\dot{y} + \underbrace{\frac{\partial f}{\partial \dot{y}}\ddot{y} - \frac{\partial f}{\partial \dot{y}}\ddot{y}}_{=0} - \dot{y}\frac{d}{dx}\left(\frac{\partial f}{\partial \dot{y}}\right) = \dot{y}\left(\underbrace{\frac{\partial f}{\partial y} - \frac{d}{dx}\left(\frac{\partial f}{\partial \dot{y}}\right)}_{=0 \ par \ E-L}\right) = 0$$

La dérivée de $f - \dot{y}\frac{\partial f}{\partial \dot{y}}$ étant nulle, il s'agit bien d'une constante.

□

Pour le problème de la brachistochrone, on est dans le cas d'une identité de Beltrami, qu'on s'empresse donc d'utiliser. Ici, $f(y, \dot{y}) = \sqrt{\frac{1+\dot{y}^2}{y}}$ (on a enlevé la constante multiplicative $\sqrt{2g}$ car elle ne change en rien le caractère brachistochrone d'une courbe) et

$$\frac{\partial f}{\partial \dot{y}} = \frac{\dot{y}}{y(1+\dot{y}^2)}.$$

La brachistochrone vérifie donc nécessairement :

$$\sqrt{\frac{1+\dot{y}^2}{y}} - \frac{\dot{y}^2}{\sqrt{y(1+\dot{y}^2)}} = \frac{1}{\sqrt{y(1+\dot{y}^2)}} = C$$

soit encore, en simplifiant

$$y(1+\dot{y}^2) = K$$

avec $K = \frac{1}{C^2} > 0$.

La solution de cette équation différentielle (pour A fixé à l'origine), qu'on peut aussi résoudre par variables séparables, est la courbe qui a pour équations paramétriques :

$$x = \frac{K}{2}(\theta - \sin\theta) \; et \; y = \frac{K}{2}(1 - \cos\theta)$$

où K est tel que la courbe passe par le point B. Il s'agit, comme annoncé, de la cycloïde.

De même qu'avec le problème isopérimétrique, nous n'avons obtenu qu'une condition nécessaire. Il reste à montrer l'existence d'une solution.

1.4 Deuxième démonstration

1.4.1 Comparaison des deux problèmes

Nous avons étudié deux problèmes du calcul des variations. Les démonstrations s'appuyaient dans les deux cas sur la notion de fonction auxiliaire

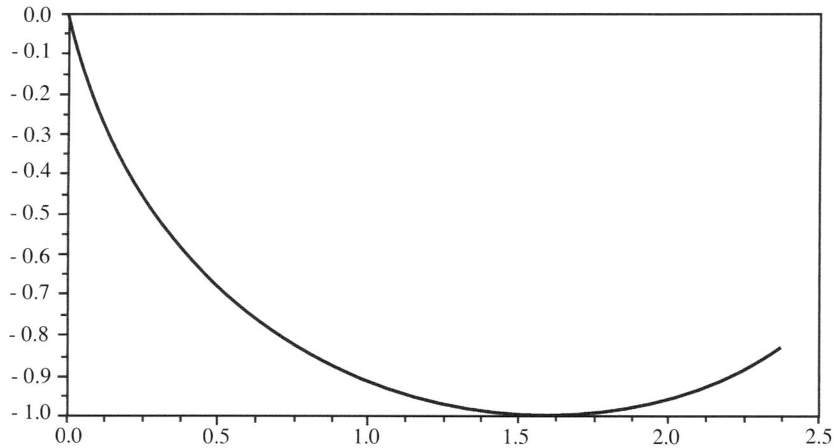

FIGURE 1.3 – Exemple de Cycloïde (K=1)

et sur le lemme fondamental. Cependant, dans le second problème nous n'avons pas directement appliqué la méthode variationnelle au problème, mais nous l'avons utilisée pour montrer l'équation d'Euler-Lagrange (et l'identité de Beltrami).

Ceci étant dit, on peut se poser la question suivante : « peut-on démontrer l'inégalité isopérimétrique par l'équation d'Euler-Lagrange ? »

La réponse est oui, et nous fournit une deuxième démonstration, plus rapide mais moins directe que la première, car on perd un peu de vue le fait qu'on perturbe la solution.

1.4.2 Démonstration par Euler-Lagrange

Si l'aire A est maximale pour un périmètre P fixé, il existe λ telle que $A-\lambda P$ soit un extremum local dans l'espace des fonctions C^2 (le paramétrage de la courbe se fait sur l'intervalle $[0,1]$. Les conditions aux limites de x et y sont $x(0)=x(1)$ et $y(0)=y(1)$ et garantissent la périodicité). Or, nous avons la relation

$$A - \lambda P = \int_0^1 L\left(x(t), y(t), x'(t), y'(t)\right) dt$$

où

$$L\left(x(t), y(t), x'(t), y'(t)\right) = \frac{1}{2}\left(y'(t)x(t) - x'(t)y(t)\right) - \lambda\sqrt{x'(t)^2 + y'(t)^2}$$

et dans laquelle x et y doivent être choisis de façon à être un extremum local de $A - \lambda P$. Les équations d'Euler-Lagrange s'appliquent donc. Elles s'écrivent alors sous la forme suivante :

$$-\frac{1}{2}y'(t) - \lambda\frac{d}{dt}\left(\frac{x'(t)}{\sqrt{x'(t)^2 + y'(t)^2}}\right) = \frac{d}{dt}\left(\frac{\partial}{\partial x'}L\right) = \frac{\partial}{\partial x}L = -\frac{y'(t)}{2}$$

donc

$$\frac{d}{dt}\left(\lambda\frac{x'(t)}{\sqrt{x'(t)^2 + y'(t)^2}} + y(t)\right) = 0$$

et

$$\frac{1}{2}x'(t) - \lambda\frac{d}{dt}\left(\frac{y'(t)}{\sqrt{x'(t)^2 + y'(t)^2}}\right) = \frac{d}{dt}\left(\frac{\partial}{\partial y'}L\right) = \frac{\partial}{\partial y}L = \frac{x'(t)}{2}$$

d'où

$$\frac{d}{dt}\left(\lambda\frac{y'(t)}{\sqrt{x'(t)^2 + y'(t)^2}} - x(t)\right) = 0.$$

Le choix de l'origine peut donc être fait de manière à avoir :

$$\lambda\frac{x'(t)}{\sqrt{x'(t)^2 + y'(t)^2}} - y(t) = 0$$

et

$$\lambda\frac{y'(t)}{\sqrt{x'(t)^2 + y'(t)^2}} + x(t) = 0$$

pour tout t. En particulier,

$$x(t)^2 + y(t)^2 = \left(\lambda \frac{y'(t)}{\sqrt{x'(t)^2 + y'(t)^2}}\right)^2 + \left(\lambda \frac{x'(t)}{\sqrt{x'(t)^2 + y'(t)^2}}\right)^2 = \lambda^2.$$

La courbe fermée est donc tracée sur un cercle. On en déduit qu'il s'agit du cercle lui-même.

Chapitre 2

Généralisation en dimension finie

On se propose ici de démontrer l'inégalité isopérimétrique en dimension quelconque en ayant recours à la symétrisation de Steiner. L'idée intuitive est que, à volume fixé, plus une figure est symétrique, plus petite est la surface de son bord. La sphère étant la figure la plus symétrique possible, sa surface sera donc minimale. Avec la symétrisation de Steiner, on utilise ce principe en forçant la figure à devenir symétrique par rapport un hyperplan. On montrera que, tant que le résultat obtenu n'est pas une sphère, on peut ainsi faire diminuer strictement son rayon (corrélé avec l'aire du bord) tout en conservant son volume. On utilisera ensuite ce procédé pour démontrer un résultat lié : l'inégalité de Faber-Krahn (voir Théorème 2.2.6) que nous retrouverons dans notre étude du problème du tambour au chapitre suivant.

2.1 Démonstration par symétrisation de Steiner

2.1.1 Résultats préliminaires

Toutes les preuves de la section 2.1, sauf la démonstration du théorème de Sard, sont inspirées de [19].

Notre objectif est de montrer l'existence en dimension quelconque n d'une constante C_n telle que, pour tout compact K, on ait

$$\text{vol}_n(K) \leq C_n \cdot \text{vol}_{n-1}(\partial K)^{\frac{n}{n-1}}.$$

où vol_n correspond à la mesure de Lebesgue et vol_{n-1} à l'aire de Minkowski qui est définie ci-dessous. On notera que l'exposant $\frac{n}{n-1}$ permet de garantir l'homogénéité de l'inégalité.

Définition 2.1.1 (Aire de Minkowski)**.** Soit K un compact, $K_{[\epsilon]} = K + \mathcal{B}(0,\epsilon)$ l'épaissi de K. *L'aire de Minkowski* de son bord est

$$\text{vol}_{n-1}(\partial K) = \liminf_{\epsilon \to 0^+} \left(\frac{\text{vol}_n(K_{[\epsilon]}) - \text{vol}_n(K)}{\epsilon} \right).$$

Définition 2.1.2 (Distance de Hausdorff)**.** Soit X et Y des parties non vides de $\mathbb{R}^n$. On appelle *distance de Hausdorff* entre X et Y le réel positif

$$d_H(X,Y) = \max\left(\sup_{x\in X} d(x,Y),\ \sup_{y\in Y} d(y,X)\right).$$

On a la définition équivalente :

$$d_H(X,Y) = \inf\left\{d > 0 :\ X \subset Y_{[d]}\ et\ Y \subset X_{[d]}\right\}$$

Lemme 2.1.3. *Soit $(Z_j)_{j\in\mathbb{N}}$ une suite de compacts convergeant vers un compact Z pour la distance de Hausdorff, alors*

$$\limsup_{j\to\infty}(\text{vol}_n(Z_j)) = \text{vol}_n(Z).$$

Soit $\mathcal{K}$ l'ensemble des compacts non vides de $\mathbb{R}^n$, muni de la distance de Hausdorff.

Définition 2.1.4 (Rayon, diamètre, boule circonscrite)**.** Pour $K \in \mathcal{K}$, on pose son *rayon* $r(K) = \inf\{R \in \mathbb{R} : \exists x \in \mathbb{R}^n : K \subset \mathcal{B}(x,R)\}$ et son *diamètre* $\text{Diam}(K) = \sup\{d(x,y) : x,\ y \in K\}$. Alors on appelle *boule circonscrite* à K une boule de rayon $r(K)$ contenant K.

On admet que les applications r et Diam sont continues pour la distance de Hausdorff.

Lemme 2.1.5 (Blaschke). *Soit (X,d) un espace métrique compact. Alors $\mathcal{K}(X)$, l'ensemble des parties compactes non vides de X est compact pour la distance de Hausdorff.*

Démonstration. Montrer que $\mathcal{K}(X)$ est compact est équivalent à montrer que $\mathcal{K}(X)$ est précompact et complet.

1. Complétude : soit $(X_j)_{j\in\mathbb{N}}$ une suite de Cauchy de $\mathcal{K}(X)$
   (a) La suite $\left(\overline{(\bigcup_{i\geq j} X_i)}\right)_j$ est une suite décroissante de fermés bornés non vides (chacun des X_i est non vide par définition) donc, par compacité de X,
   $$X_\infty = \bigcap_{j=1}^{\infty} \overline{\bigcup_{i\geq j} X_i}$$
   est non vide.
   (b) Soit $\epsilon > 0$ et $N \in \mathbb{N}$ tel que $\forall i,j \geq N$, $d_H(X_i, X_j) \leq \epsilon$, alors $\forall i \geq N$, $d_H(X_i, X_N) \leq \epsilon$, donc $\forall j \geq N$, $d_H\left(X_N, \overline{\bigcup_{i\geq j} X_i}\right) = d_H(X_N, \bigcup_{i\geq j} X_i) \leq \epsilon$.
   Comme cela est vrai pour tout j, on en déduit $d_H(X_N, X_\infty) \leq \epsilon$.
   On conclut alors avec l'inégalité :
   $$\forall n > N,\ d_H(X_n, X_\infty) \leq d_H(X_n, X_N) + d_H(X_N, X_\infty) \leq 2\epsilon$$
   qui montre la convergence de $(X_j)_{j\in\mathbb{N}}$ et donc que $\mathcal{K}(X)$ est complet.

2. Précompacité : fixons $\epsilon > 0$. Comme X est précompact, on a $X \subset \bigcup_{i\in I} B(x_i, \epsilon)$ avec I fini.
   Soit $K \in \mathcal{K}(X)$ et $\gamma_0 = \{x_i : d_H(x_i, K) < \epsilon\}$.
   Par définition des x_i, $\gamma_0 \neq \emptyset$, par définition de γ_0, on a l'inégalité $\max_{x\in\gamma_0} d(x,K) < \epsilon$. De plus, comme, pour tout $x \in K$, il y a

des x_i tels que $d(x, x_i) < \epsilon$, on a $d(x, \gamma_0) < \epsilon$ pour tout $x \in K$ et comme K est compact, $\sup_{x \in K} d(x, \gamma_0)$ est atteinte, et donc on a bien $\sup_{x \in K} d(x, \gamma_0) < \epsilon$.

Ainsi, $K \subset B(\gamma_0, \epsilon)$ donc, en posant $\Gamma = \mathcal{P}(\{x_i : i \in I\}) - \{\emptyset\}$ l'ensemble des parties non-vides de $\{x_i : i \in I\}$, on a :

$$\mathcal{K}(X) \subset \bigcup_{\gamma \in \Gamma} B(\gamma, \epsilon)$$

d'où la précompacité de $\mathcal{K}(X)$.

□

Lemme 2.1.6. *Soit $K \in \mathcal{K}(X)$, alors r a un minimum sur :*

$$M(K) = \{L \in \mathcal{K} : \mathrm{vol}_n(L) = \mathrm{vol}_n(K) \text{ et } \forall \epsilon > 0,\ \mathrm{vol}_n(L_{[\epsilon]}) \leq \mathrm{vol}_n(K_{[\epsilon]})\}$$

Démonstration. Pour chercher le minimum de r sur $M(K)$, on remarque tout d'abord qu'il suffit de se restreindre aux compacts L tels que $r(L) \leq r(K)$. Parmi ceux-ci, on peut encore se restreindre à ceux contenus dans une boule B circonscrite à K fixée.

Montrons que $M(K) \cap \mathcal{K}(B)$ est fermé. Soit $(L_i)_{i \in \mathbb{N}}$ une suite convergente de $M(K) \cap \mathcal{K}(B)$ de limite L. D'après le lemme 2.1.3, on a $\mathrm{vol}_n(L) \geq \mathrm{vol}_n(K)$.

Réciproquement, fixons $h > 0$, on sait qu'il existe I entier naturel tel que $\forall i > I$, $L \subset (L_i)_{[h]}$. On en déduit que $\forall i > I$, $\forall \epsilon > 0$, $L_{[\epsilon]} \subset (L_i)_{[\epsilon+h]}$ et donc que $\mathrm{vol}_n(L_{[\epsilon]}) \leq \mathrm{vol}_n((L_i)_{[\epsilon+h]}) \leq \mathrm{vol}_n(K_{[\epsilon+h]})$. En faisant tendre h vers 0, on obtient $\mathrm{vol}_n(L_{[\epsilon]}) \leq \mathrm{vol}_n(K_{[\epsilon]})$. On fait alors tendre ϵ vers 0 et on obtient $\mathrm{vol}_n(L) = \mathrm{vol}_n(K)$ donc $L \in M(K)$. Comme $\mathcal{K}(B)$ est fermé (car compact), $L \in \mathcal{K}(B)$.

Ainsi, $M(K) \cap \mathcal{K}(B)$ est fermé, inclus dans $\mathcal{K}(B)$ qui est compact, donc $M(K) \cap \mathcal{K}(B)$ est compact et r, qui est continue, atteint son minimum sur $M(K) \cap \mathcal{K}(B)$.

□

2.1.2 Symétrisation de Steiner : définitions et propriétés

Définition 2.1.7 (Symétrisation de Steiner). Soit K un compact de $\mathbb{R}^n$, Π un hyperplan et l une droite orthogonale à Π. On peut donc identifier $\mathbb{R}^n$ à $\Pi \times l$. Pour $\pi \in \Pi$, on note $\mathcal{L}_\pi$ la droite orthogonale à Π passant par π et I_π le segment $[\frac{-\text{vol}_1(\mathcal{L}_\pi \cap K)}{2}, \frac{\text{vol}_1(\mathcal{L}_\pi \cap K)}{2}]$. On définit alors le *symétrisé de Steiner* de K par rapport à Π noté $St_\Pi(K)$ par

$$St_\Pi(K) = \bigcup_{\pi \in \Pi} \{\pi\} \times I_\pi$$

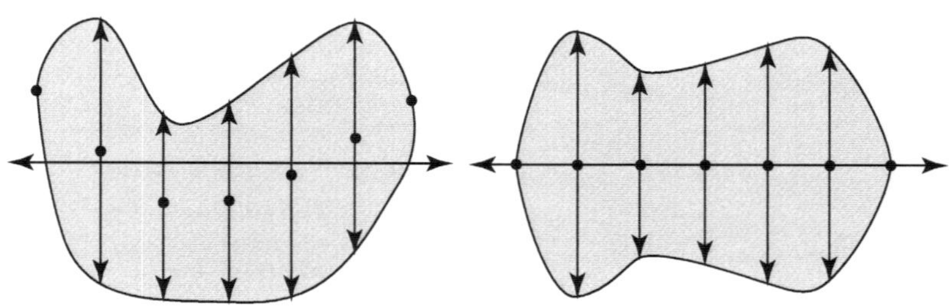

FIGURE 2.1 – Symétrisation de Steiner

On peut remarquer que $St_\Pi(K)$ est encore compact et que $\text{vol}_n(K)$ et $\text{vol}_n(St_\Pi(K))$ sont égaux.

En effet, soit $z \in (St_\Pi(K))$ noté $z = (\pi, i)$ avec $\pi \in \Pi$ et $i \in \mathcal{L}_\pi$. Comme, en assimilant $\mathcal{L}_\pi$ à la droite réelle, $x \to \int_{-\infty}^{x} 1_{\mathcal{L}_\pi \cap K}(y)dy$ est continue et croissante, on a, par le théorème des valeurs intermédiaires, pour tout $\pi \in \Pi$ et tout $i \in I_\pi$, l'existence de $x \in \mathcal{L}_\pi \cap K$ tel que

$$\int_{-\infty}^{x} 1_{\mathcal{L}_\pi \cap K}(y)\, dy - \frac{\text{vol}_1(\mathcal{L}_\pi \cap K)}{2} = i,$$

donc l'application $K \to St_\Pi(K), (\pi, x) \mapsto (\pi, \int_{-\infty}^{x} 1_{\mathcal{L}_\pi \cap K}(y)dy - \frac{\text{vol}_1(\mathcal{L}_\pi \cap K)}{2})$ est surjective donc $St_\Pi(K)$ est l'image d'un compact par une fonction continue donc est lui-même compact.

De plus :

$$\begin{aligned}
\mathrm{vol}_n(K) &= \int_\Pi \mathrm{vol}_1(\mathcal{L}_\pi \cap K)\, d\pi \\
&= \int_\Pi \mathrm{vol}_1(I_\pi)\, d\pi \\
&= \mathrm{vol}_n(St_\Pi(K))
\end{aligned}$$

Théorème 2.1.8. *Soit $K \in \mathcal{K}$, Π un hyperplan et $\epsilon > 0$, alors*

$$\mathrm{vol}_n(St_\Pi K_{[\epsilon]}) \leq \mathrm{vol}_n(K_{[\epsilon]})$$

Démonstration. On écrit $\mathbb{R}^n = \Pi \times \mathcal{L}$ et on appelle q la projection sur $\mathcal{L}$. En transcrivant les définitions et en convenant de nommer τ_π la translation de vecteur π, on remarque que pour $\pi \in \Pi$:

$$\mathcal{L}_\pi \cap K_{[\epsilon]} = \bigcup_{\nu \in B_{\Pi(\pi,\epsilon)}} \tau_\pi \left(q(\mathcal{L}_\nu \cap K)_{\mathcal{L},\left[\sqrt{\epsilon^2 - |\nu-\pi|^2}\right]} \right)$$

où $B_\Pi(\pi,\epsilon)$ désigne la boule de dimension $n-1$ incluse dans Π, de centre π et de rayon ϵ et où, pour $A \subset \mathcal{L}$, $A_{\mathcal{L},[\epsilon]}$ désigne $A_{[\epsilon]} \cap \mathcal{L}$. On a donc, en notant I_ν le segment obtenu en symétrisant $\mathcal{L}_\nu \cap K$:

$$\begin{aligned}
\mathrm{vol}_1\left(\mathcal{L}_\pi \cap K_{[\epsilon]}\right) &\geq \sup_{\nu \in B_\Pi(\pi,\epsilon)} \mathrm{vol}_1 \left(\tau_\pi \left(q\left(\mathcal{L}_\nu \cap K\right)_{\mathcal{L},\left[\sqrt{\epsilon^2 - |\nu-\pi|^2}\right]} \right)\right) \\
&= \sup_{\nu \in B_{\Pi(\pi,\epsilon)}} \mathrm{vol}_1 \left(q\left(\mathcal{L}_\nu \cap K\right)_{\mathcal{L},\left[\sqrt{\epsilon^2 - |\nu-\pi|^2}\right]} \right)
\end{aligned}$$

Les inégalités précédentes appliquées à $St_\Pi(K)$ au lieu de K prennent la forme d'égalités et

$$\mathrm{vol}_1\left(\mathcal{L}_\pi \cap (St_\Pi(K)_{[\epsilon]}\right) = \sup_{\nu \in B_{\Pi(\pi,\epsilon)}} \mathrm{vol}_1 \left(q(I_\nu)_{\mathcal{L},\left[\sqrt{\epsilon^2 - |\nu-\pi|^2}\right]} \right).$$

Or, d'après l'inégalité de Brunn-Minkowski en dimension 1 (qui dit que pour K compact de $\mathbb{R}$, si D est une boule de même volume, on a $\mathrm{vol}_1(D_{[\epsilon]}) \leq \mathrm{vol}_1(K_{[\epsilon]})$) pour tout $\epsilon > 0$, on obtient :

$$\begin{aligned}\mathrm{vol}_1\left(\mathcal{L}_\pi \cap K_{[\epsilon]}\right) &\geq \sup_{\nu \in B_{\Pi(\pi,\epsilon)}} \mathrm{vol}_1\left(q(I_\nu)_{\mathcal{L},\left[\sqrt{\epsilon^2-|\nu-\pi|^2}\right]}\right) \\ &= \mathrm{vol}_1\left(\mathcal{L}_\pi \cap (St_\Pi(K)_{[\epsilon]}\right)\end{aligned}$$

On applique enfin le théorème de Fubini pour obtenir le résultat voulu. □

Remarque. On conclut ainsi que $M(K)$ est stable par symétrisation de Steiner.

2.1.3 Inégalité de Brunn-Minkowski

L'idée géométrique cruciale de la démarche choisie est la suivante : soit $K \in \mathcal{K}$. Si K n'est pas une boule, alors on veut montrer qu'on peut faire diminuer strictement son rayon par une succession *finie* de symétrisations de Steiner, c'est-à-dire qu'il existe un entier m et une famille d'hyperplans $(\Pi_i)_{1 \leq i \leq m}$ tels que :

$$r(St_{\Pi_1}(K) \circ \ldots \circ St_{\Pi_m}(K)) < r(K).$$

En effet, soit $D = B(x_0, r(K))$ une boule circonscrite à K. Notons $S = \partial D$ et pour $\epsilon > 0$ et $x \in S$, définissons $C(x, \epsilon)$ la calotte sphérique centrée en x, c'est-à-dire $C(x, \epsilon) := B(x, \epsilon) \cap S$.

1. Quitte à effectuer une symétrisation de Steiner par rapport à un hyperplan quelconque passant par x_0, on peut supposer que $K \cap S \neq S$.
2. Si $x \in S$ et $x \notin K$, alors pour tout hyperplan Π on a $x \notin St_\Pi(K)$.
3. Si $x \in S \cap K$, alors il existe un hyperplan Π tel que le symétrique $\tilde{x}$ de x par rapport à Π n'appartienne pas à K. Donc, puisque K est fermé en tant que compact, il existe $\epsilon_{\tilde{x}} > 0$ tel que

   $$C(\tilde{x}, \epsilon_{\tilde{x}}) \cap K = \emptyset$$

   ce qui implique $C(\tilde{x}, \epsilon_{\tilde{x}}) \cap St_\Pi(K) = C(x, \epsilon_{\tilde{x}}) \cap St_\Pi(K) = \emptyset$.

A tout x de S, on peut associer un hyperplan Π_x et un réel strictement positif ϵ_x tel que $C(x, \epsilon_{\tilde{x}}) \cap St_{\Pi_x}(K) = \emptyset$. Par compacité de S, on peut recouvrir S par un nombre fini de calottes du type évoqué ci-dessus : $S = \cup_{1 \leq i \leq l} C(x_i, \epsilon_{x_i})$. Il vient enfin, par compacité de $St_{\Pi_1} \circ ... \circ St_{\Pi_l}(K)$,

$$St_{\Pi_1} \circ ... \circ St_{\Pi_l}(K) \cap S = \emptyset.$$

On en conclut que le rayon de $St_{\Pi_1} \circ ... \circ St_{\Pi_l}(K)$ est strictement inférieur à $r(K)$.

Théorème 2.1.9 (Inégalité de Brunn-Minkowski). *Soit $K \in \mathcal{K}$ et $\mathcal{D}$ une boule de même volume, alors :*

$$\forall \epsilon > 0, \ \mathrm{vol}_n(\mathcal{D}_{[\epsilon]}) \leq \mathrm{vol}_n(K_{[\epsilon]})$$

Démonstration. Raisonnons par l'absurde :

On a montré (cf. Lemme 2.1.6) que r atteint son minimum sur $M(K)$ en un compact que l'on notera κ. κ est alors nécessairement une boule. En effet, dans le cas contraire, on pourrait faire diminuer strictement son rayon en lui faisant subir un nombre fini de symétrisations de Steiner. Or, on a également prouvé que la symétrisation de Steiner laisse stable $M(K)$, donc cela aboutirait à une contradiction sur la minimalité de $r(\kappa)$. □

L'inégalité de Brunn-Minkowski conduit immédiatement à l'inégalité isopérimétrique dans $\mathbb{R}^n$ pour K compact. En effet, en considérant $\mathcal{D}$ une boule de même volume que K, l'inégalité de Brunn-Minkowski amène à

$$\forall \epsilon > 0, \ \mathrm{vol}_n\left(\mathcal{D}_{[\epsilon]}\right) - \mathrm{vol}_n(\mathcal{D}) \leq \mathrm{vol}_n\left(K_{[\epsilon]}\right) - \mathrm{vol}_n(K)$$

On en déduit que

$$\begin{aligned}
\mathrm{vol}_{n-1}(\partial K) &= \liminf_{\epsilon \to 0^+} \frac{\mathrm{vol}_n\left(K_{[\epsilon]}\right) - \mathrm{vol}_n(K)}{\epsilon} \\
&\geq \liminf_{\epsilon \to 0^+} \frac{\mathrm{vol}_n\left(\mathcal{D}_{[\epsilon]}\right) - \mathrm{vol}_n(\mathcal{D})}{\epsilon} \\
&= \mathrm{vol}_{n-1}(\partial D)
\end{aligned}$$

En posant $C_n = \frac{\mathrm{vol}_n(\mathcal{D})}{(\mathrm{vol}_{n-1}(\partial\mathcal{D}))^{\frac{n}{n-1}}}$, on remarque que, grâce à l'exposant $\frac{n}{n-1}$ au dénominateur, C_n est sans dimension et ne dépend pas du choix de la boule $\mathcal{D}$. On obtient finalement :

$$C_n \cdot (\mathrm{vol}_{n-1}(\partial K))^{\frac{n}{n-1}} \geq C_n \cdot (\mathrm{vol}_{n-1}(\partial\mathcal{D}))^{\frac{n}{n-1}} = \mathrm{vol}_n(\mathcal{D}) = \mathrm{vol}_n(K)$$

2.2 Application à l'inégalité de Faber-Krahn

2.2.1 Résultats préliminaires

Soit Ω un ouvert de $\mathbb{R}^n$, $F \in \mathcal{C}^1(\Omega, \mathbb{R}^k)$. Pour tout x de Ω, on note $dF(x)$ la différentielle de F en x.

Définition 2.2.1 (Point critique). Un point x de Ω est appelé un *point critique* de F si $dF(x)$ n'est pas surjective.

Le premier résultat préliminaire est le théorème de Sard. Pour sa preuve, nous aurons besoin du résultat suivant :

Lemme 2.2.2. *Soit Ω un ouvert de $\mathbb{R}^n$, $f \in \mathcal{C}^1(\Omega, \mathbb{R}^n)$. Pour tout compact K inclus dans Ω, il existe une fonction $\lambda : \mathbb{R}^+ \to \mathbb{R}^+$ croissante vérifiant $\lim_{t\to 0} \lambda(t) = 0$, telle que pour tout x et y de K :*

$$||f(x) - f(y) - df(y)(x-y)|| \leq \lambda(||x-y||)||x-y||$$

Démonstration.

$$\begin{aligned}
&||f(x) - f(y) - df(y)(x-y)|| \\
&= \left\| \int_0^1 \frac{d}{dt}[f(y+t(x-y))] - df(y)(x-y)dt \right\| \\
&= \left\| \int_0^1 (df(y+t(x-y))(x-y) - df(y)(x-y))dt \right\| \\
&\leq \int_0^1 ||[df(y+t(x-y)) - df(y)](x-y)||\, dt.
\end{aligned}$$

De plus, comme $t \in [0,1]$ et $(x,y) \in K^2$ avec K compact, on a que $df(y + t(x-y)) - df(y)$ est bornée donc, pour x et y fixés, il existe λ fonction de x et de y tel que :

$$\|f(x) - f(y) - df(y)\,(x-y)\| \leq \lambda(\|x-y\|)\,\|x-y\|$$

où

$$\lambda(r) = \sup\{\|df(y+t(x-y)) - df(y)\|\,, (x,y) \in K^2, t \in [0,1],\ \|x-y\| = r\}$$

avec λ croissante.

Enfin, comme *df* est continue donc uniformément continue sur tout compact, $\lim_{t \to 0} \lambda(t) = 0$.

□

Et voici le théorème :

Théorème 2.2.3 (Sard). *Soit Ω un ouvert de $\mathbb{R}^n$, $f \in \mathcal{C}^1(\Omega, \mathbb{R}^n)$ et A l'ensemble des points critiques de f. Alors $f(A)$, l'ensemble des valeurs critiques, est de mesure nulle.*

Démonstration. La preuve ci-dessous est adaptée de [4].

On sait que Ω est une réunion d'une famille dénombrable de cubes compacts donc on peut supposer que $C = [0,1]^n \subset \Omega$. Comme une union dénombrable d'ensembles de mesure nulle est elle-même de mesure nulle, on peut alors se contenter de démontrer que, en prenant pour A l'ensemble des points critiques de f et appartenant à C, $f(A)$ est de mesure nulle.

Soit a un point critique de f.

Posons $M = \sup\{||df(x)||, x \in K\}$, alors, par le théorème des accroissements finis, $||f(x) - f(a)|| \leq M||x-a||$ donc $f(x) \in B(f(a), M||x-a||)$

Pour tout $y \in \mathbb{R}^n$, $df(a)\,(y)$ appartient à un sous-espace strict de $\mathbb{R}^n$, noté $df(a)\,(\mathbb{R}^n)$. Soit $f(a) + df(a)\,(\mathbb{R}^n)$ le translaté de ce sous-espace passant par $f(a)$. On peut écrire

$$\forall x \in K, d(f(x), f(a) + df(a)\,\mathbb{R}^n) \leq ||f(x) - f(a) - df(a)\,(x-a)||$$

Soit H un hyperplan affine quelconque contenant $f(a) + df(a)\,(\mathbb{R}^n)$. On a immédiatement que $d(f(x), H) \leq ||f(x) - f(a) - df(a)\,(x-a)||$. En appliquant le lemme précédent à

$$d(f(x), H) \leq ||f(x) - (f(a) + df(a)\,(x-a)||,$$

on a l'existence de λ tel que

$$d(f(x), H) \leq \lambda(\|x-a\|)\,\|x-a\|\,.$$

Supposons que $x \in K \cap B(a, \eta)$, comme $||x-a|| < \eta$, on a alors l'inégalité $d(f(x), H) \leq \lambda(\eta)\,\eta$. De plus, $||f(x) - f(a)|| \leq M\eta$ donc $f(x)$ est dans l'intersection de la boule de centre $f(a)$ et de rayon $M\eta$ et de la bande de demi-épaisseur $\lambda(\eta)\eta$ axée sur H. Cette intersection est contenue dans un parallélépipède rectangle produit d'un cube de H de côté $2M\eta$ par un intervalle de longueur $2\lambda(\eta)\eta$ donc finalement

$$\mathrm{vol}(f(B(a,\eta) \cap K) \leq 2\lambda(\eta)\eta(2M\eta)^{n-1}$$

Il reste alors à subdiviser le cube C en d^n cubes de côté $\frac{1}{d}$. Si un tel cube *élémentaire* c contient au moins un point critique a, ce cube est dans la boule $B\left(a, \frac{\sqrt{n}}{d}\right)$ donc

$$\mathrm{vol}(f(c)) \leq 2^n\, M^{n-1} \left(\frac{\sqrt{n}}{d}\right)^n \lambda\left(\frac{\sqrt{n}}{d}\right).$$

Comme il y a au plus d^n cubes contenant au moins un point critique, on a bien recouvert $f(A)$ par des cubes dont la somme des volumes est majorée par

$$d^n\, 2^n\, M^{n-1} \left(\frac{\sqrt{n}}{d}\right)^n \lambda\left(\frac{\sqrt{n}}{d}\right) = 2^n M^{n-1} n^{n/2} \lambda\left(\frac{\sqrt{n}}{d}\right)$$

On fait tendre d vers $+\infty$ et comme $\lim_{t\to 0} \lambda(t) = 0$, on en conclut que $f(A)$ est de mesure nulle.

□

Proposition 2.2.4 (Formule de la coaire). *Soit Ω un ouvert de $\mathbb{R}^n$, $f \in \mathcal{C}^1(\Omega, \mathbb{R})$, g une fonction mesurable sur Ω et σ la mesure riemannienne sur $f^{-1}(t)$. Si g est positive ou si $g \in L^1(\Omega)$ alors*

$$\int_\Omega g(x) |\nabla f(x)| d\mu(x) = \int_\mathbb{R} \left(\int_{f^{-1}(t)} g(y) d\sigma(y) \right) dt$$

Démonstration. On fait l'hypothèse complémentaire que ∇f est non nul presque partout. Soit x_0 tel que $\nabla f(x_0) \neq 0$. Posons $X(x) = \frac{\nabla f(x)}{\|\nabla f\|^2}$. On définit $\phi^t(x)$ le flot associé à l'équation différentielle $\frac{dx}{dt} = X(x)$.

Montrons que $f\left(\phi^t(x)\right) = t$. On a

$$\begin{aligned} \frac{df\left(\phi^t(x)\right)}{dt} &= df\left(\phi^t(x)\right) \cdot \frac{d}{dt}\phi^t(x) \\ &= df\left(\phi^t(x)\right) \cdot X\left(\phi^t(x)\right) \\ &= (df \cdot X)\left(\phi^t(x)\right) = 1 \end{aligned}$$

Comme $f\left(\phi^{t_0}(x_0)\right) = t_0$ par définition, on a $f\left(\phi^t(x)\right) = t$, donc on a de plus $\phi^t(x) \in f^{-1}(t)$.

Montrons maintenant que $\psi : (t,\, x) \mapsto \phi^t(x)$ est un difféomorphisme local, i.e. que $d\psi :\ [t_0 - \alpha,\, t_0 + \alpha] \times \Sigma_{(t_0,\, x_0)} \to \mathbb{R}^n$, $(t,\, x) \mapsto \phi^t(x)$ est injective. On a $d\psi(1,0) = X(x_0)$ et $d\psi(0,h) = h$ donc, si e_1, ..., e_{n-1} est une base de $\Sigma_{(t_0,\, x_0)}$, puisque $X(x_0)$ est normal à $\Sigma_{(t_0,\, x_0)}$

$$\left|J_{(x_0,\, e_1,\, \dots,\, e_{n-1})}\right| = \left|det\left(X(x_0),\, e_1,\, \dots,\, e_{n-1}\right)\right| = \frac{1}{|\nabla f(x_0)|} \neq 0$$

ce qui permet de conclure.

On peut donc écrire l'égalité formelle des mesures suivantes

$$d\mu = |J|\, d\sigma \cdot dt \cdot$$

Comme ainsi pour une fonction g positive ou dans $L^1(\Omega)$:

$$\int_\Omega g(x) |\nabla f(x)| d\mu(x) = \int_\mathbb{R} \left(\int_{f^{-1}(t)} g(y) d\sigma(y) \right) dt$$

En effet d'après le théorème de Sard les valeurs critiques de f forment un ensemble négligeable, qui n'influe donc pas sur la valeur de l'intégrale du membre de droite.

□

Théorème 2.2.5 (Principe de Cavalieri). *Soit Ω un ouvert de $\mathbb{R}^n$, f une fonction positive et mesurable sur Ω. Pour tout ϕ de $\mathcal{C}^1([0,+\infty[,\mathbb{R})$ croissante et vérifiant $\phi(0)=0$, on a*

$$\int_\Omega \phi(f(x))d\mu(x) = \int_0^{+\infty} \mu(\{x \in \Omega,\ f(x) \geq t\})\phi^{'}(t)dt$$

Démonstration. On a :

$$\int_0^{+\infty} \mu(\{x \in \Omega,\ f(x) \geq t\})\phi^{'}(t)dt = \int_0^{+\infty} dt \int d\mu(x) 1_{f(x)\geq t}\, \phi'(t)$$

Comme on travaille avec des fonctions positives, on peut appliquer le théorème de Fubini et intervertir les signes intégrales, on a :

$$\begin{aligned}\int_0^{+\infty} \mu(\{x \in \Omega,\ f(x) \geq t\})\phi^{'}(t)dt &= \int d\mu(x) \int_0^{+\infty} 1_{f(x)\geq t}\, \phi'(t)dt \\ &= \int d\mu(x) \int_0^{f(x)} \phi'(t)dt \\ &= \int d\mu(x)\phi\,(f(x)).\end{aligned}$$

la dernière égalité résultant de $\phi(0)=0$.

□

2.2.2 Inégalité de Faber-Krahn

Théorème 2.2.6 (Inégalité de Faber-Krahn). *Soit Ω un ouvert de $\mathbb{R}^n$. Pour $\phi \in \mathcal{C}_c^\infty(\Omega)$ non nulle, on définit*

$$F(\phi) = \frac{\int_\Omega |\nabla \phi|^2}{\int_\Omega \phi^2}$$

et on note

$$\lambda^*(\Omega) = \inf_{\phi \in \mathcal{C}_c^\infty(\Omega)} F(\phi).$$

On a alors, si B est un boule de même volume que Ω : $\lambda^*(\Omega) \geq \lambda^*(B)$

Démonstration. Soit $f \in \mathcal{C}_c^\infty(\Omega)$. Pour t positif, on note Ω_t l'ensemble $\{x \in \Omega : |f(x)| > t\}$, de volume $V(t) = \mathrm{vol}_n(\Omega_t)$. Les $(\Omega_t)_{t \geq 0}$ constituent une suite décroissante d'ouverts d'adhérence compacte recouvrant Ω. On a $\partial\Omega_t \subset \{x \in \Omega : |f(x)| = t\}$ dont on note le volume $A(t) = \mathrm{vol}_{n-1}(\partial\Omega_t)$. On appelle B_t la boule centrée en 0 et de même volume que Ω_t et $\tilde{A}(t)$ l'aire de B_t.

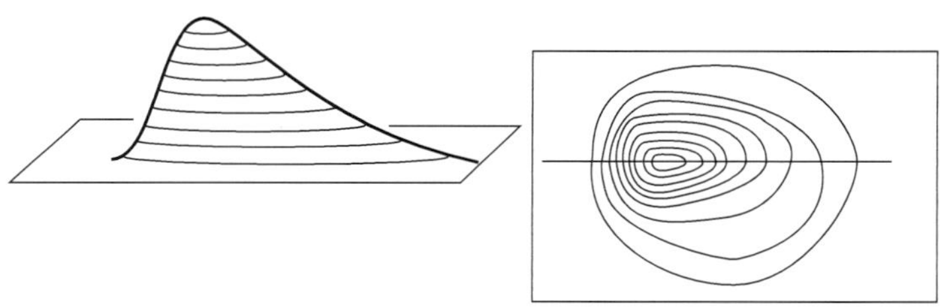

FIGURE 2.2 – Exemple avec $n = 2$: Graphe et lignes de niveaux de f

On définit $f^* : B_0 \mapsto \mathbb{R}$, $x \to \int_0^{+\infty} 1_{B_t}(x)\, dt$ et on a $f^*(x) = t \Leftrightarrow x \in \partial B_t$. f^* est une sorte de symétrisée de f par rapport à un axe de rotation.

f^* est positive par définition, semi-continue inférieurement donc est mesurable. On peut donc appliquer le principe de Cavalieri à la fonction $\phi :\ x \mapsto x^2$. On obtient alors

$$\int \phi(f(x))\, d\mu(x) = \int_\Omega f^2 = 2\int_0^{+\infty} \mu(\{x \in \Omega : f(x) \geq t\})t\, dt$$

$$\int_\Omega f^2 = 2\int_0^{+\infty} V(t)\, t\, dt$$

Le même raisonnement appliqué à f^* fournit

$$\int_\Omega (f^*)^2 = 2\int_0^{+\infty} vol_n\,(B_t)\; t\, dt$$

donc puisque $vol_n(B_t) = V(t)$:

$$\int_\Omega f^2 = \int_{B_0} (f^*)^2.$$

Il reste alors à montrer que $\int_\Omega |\nabla f|^2 d\mu \geq \int_{B_0} |\nabla f^*|^2 \, d\mu$ pour pouvoir conclure.

Le théorème de Sard assure que l'image par f de l'ensemble de ses points critiques est de mesure nulle. Par conséquent $\{x \in \Omega : |f(x)| = t\} \backslash \partial\Omega_t$ est de mesure nulle. On peut donc appliquer la formule de la coaire à $g = |\nabla f|$ sur Ω. On obtient alors :

$$\int_\Omega |\nabla f(x)| \, |\nabla f(x)| d\mu(x) = \int_0^{+\infty} \left(\int_{\partial\Omega_t} |\nabla f| \, d\sigma \right) dt$$

On peut aussi appliquer la formule de la coaire à $g = \frac{1}{|\nabla f|}$ sur Ω_t et on trouve que :

$$V(t) = \int_t^{+\infty} \left(\int_{\partial\Omega_s} \frac{1}{|\nabla f|} d\sigma \right) ds.$$

Comme l'inégalité de Cauchy-Schwartz fournit :

$$A(t)^2 = \left(\int_{\partial\Omega_t} d\sigma \right)^2 \leq \left(\int_{\partial\Omega_t} |\nabla f| \, d\sigma \right) \cdot \left(\int_{\partial\Omega_t} \frac{1}{|\nabla f|} \, d\sigma \right),$$

on a :

$$\int_\Omega |\nabla f|^2 d\mu \geq \int_0^{+\infty} A(t)^2 \left(\int_{\partial\Omega_t} \frac{1}{|\nabla f|} \, d\sigma \right)^{-1} dt = \int_0^{+\infty} A(t)^2 \left| V'(t) \right|^{-1} dt$$

Le même raisonnement appliqué à f^* fournit :

$$\int_\Omega |\nabla f^*|^2 d\mu = \int_0^{+\infty} A(t)^2 \left| V'(t) \right|^{-1} dt$$

où l'on a utilisé le cas d'égalité de l'inégalité de Cauchy-Schwarz.

L'inégalité isopérimétrique fournit $\tilde{A}(t) \leq A(t)$. Puisque f^* est radiale, on a donc $\int_\Omega |\nabla f|^2 d\mu \leq \int_\Omega |\nabla f^*|^2 d\mu$. On en conclut que $F_{B_0}(f^*) \leq F_\Omega(f)$

Comme B_0 est une boule de même volume que Ω et que $f^* \in L^2$, ensemble au sein duquel $\mathcal{C}_c^\infty$ est dense, on en déduit que $\lambda^*(\Omega) \geq \lambda^*(B)$. □

On notera la beauté de la démonstration, où l'on a utilisé un argument de symétrisation (f^* étant le symétrisé de f, et la fonctionelle F décroissant par une telle symétrisation) et l'inégalité isopérimétrique.

En complément, voici un programme CamL implémentant le procédé de symétrisation de Steiner, suivi de quelques figures montrant le résultat de la symétrisation sur un bicorne. Le choix de l'axe pour la symétrisation s'effectue ici de manière aléatoire à l'aide de la fonction `random_float`.

```
type point = { abscisse : int ; ordonnee : int};;

let rotation a theta =
let x = float_of_int a.abscisse
and y = float_of_int a.ordonnee in
{ abscisse = int_of_float ((x-.320.)*.cos(theta)-.
(y-.320.)*.sin(theta)+.320.);
ordonnee= int_of_float((y-.320.)*.cos(theta)+.
(x-.320.)*.sin(theta)+.320.)};;

let rec rotation_liste l tab theta =
match l with
|[]-> ()
|t::q-> let image = rotation t theta in
tab.(image.abscisse)<- image::tab.(image.abscisse);
rotation_liste q tab theta;;

let rotation_figure f  theta=
let l = vect_length f in let t = make_vect l [] in
for i = 0 to l-1 do
rotation_liste f.(i) t theta
done;
t;;

let steiner f theta =
let sym = rotation_figure f theta in
```

```
let l = vect_length sym in
let tab = make_vect l [] in
for i = 0 to l-1 do
let m =  list_length sym.(i) in
if (m<>0) then
(tab.(i)<-{abscisse = i; ordonnee = 320}::tab.(i);
for j =  1 to (m-1)/2 do
tab.(i)<-{abscisse=i;
ordonnee =j+320}::{abscisse = i;
ordonnee = -j+320}::tab.(i)
done;
if (m-2*(m/2)==0) then tab.(i)<- {abscisse = i;
ordonnee = m/2+320}::tab.(i))
done;
tab;;

#open "graphics";;
open_graph "640x640";;

let rec afficher liste =
match liste with
|[]->()
|t::q -> plot (t.abscisse) (t.ordonnee); afficher q;;

let afficher_fig figure=
let l =vect_length figure in
for i = 0 to l-1 do
afficher figure.(i)
done;;

let b = make_vect 640 [];;
for i = 160 to 480 do
let m = int_of_float(exp(-.float_of_int(i-320)*
.float_of_int(i-320)/.10000.)*.80.)
```

```
in for j = 0 to m do
if ((2*(j+320)<(i+400))||(2*(j+320)>(i+410))) then
b.(i)<-{abscisse=i; ordonnee =j+320}::b.(i);
done;
done;;

for i = 480 to 500 do
for j = 0 to 40 do
if ((i-480)*(i-480)+(j-20)*(j-20)>=225)&&
((i-480)*(i-480)+(j-20)*(j-20)<=400) then
b.(i)<-{abscisse=i; ordonnee =j+320}::b.(i);
done;
done;;

for i = 140 to 160 do
for j = 0 to 40 do
if ((i-160)*(i-160)+(j-20)*(j-20)>=225)&&
((i-160)*(i-160)+(j-20)*(j-20)<=400) then
b.(i)<-{abscisse=i; ordonnee =j+320}::b.(i);
done;
done;;

let cercle figure n =
let a = ref figure in
for i = 0 to n do
let theta = random__float (2.*.3.141592) in
a:=steiner (!a) theta
done;
afficher_fig (!a);;

cercle b 50;;
```

FIGURE 2.3 – Le bicorne

FIGURE 2.4 – après une itération

FIGURE 2.5 – après deux itérations

FIGURE 2.6 – après trois itérations

FIGURE 2.7 – après six itérations

FIGURE 2.8 – après vingt itérations

FIGURE 2.9 – après cinquante itérations

Chapitre 3

Applications physico-chimiques

Les problèmes de minimisation ou de maximisation sous contraintes sont nombreux en physique, ce qui explique l'intérêt suscité par le développement du calcul variationnel en général et des résultats issus des inégalités isopérimétriques en particulier. En effet, cette théorie fournit un cadre de travail simple et élégant pour résoudre de nombreux problèmes. C'est le cas lorsque l'on s'intéresse aux structures optimales, comme par exemple aux formes que prennent les films de savon. Ces problèmes sont importants puisqu'ils ont des applications concrètes, notamment en architecture.

3.1 Forme des cristaux

Nous nous intéresserons ici aux cristaux et à la résolution des problèmes que la prise en compte des bords soulève. Au XIXe siècle, Gauss proposa de modéliser une goutte d'un liquide incompressible dans le vide (en particulier en l'absence de gravité) par un domaine à bord lisse de l'espace euclidien, de volume fixé. À l'équilibre, la goutte doit minimiser une énergie de surface proportionnelle à l'aire du bord. D'après les résultats précédents, nous avons immédiatement la forme de cette goutte : elle doit être sphérique.

Curie a suggéré de généraliser ce point de vue aux cristaux finis. Ainsi, un cristal est modélisé par un polyèdre de l'espace euclidien, dont les faces f_i peuvent posséder des constantes capillaires, ou de la même manière des tensions superficielles C_i distinctes.

L'énergie de surface n'est alors plus proportionnelle à l'aire du bord mais à la somme $\sum_i C_i \text{Aire}(f_i)$. Wulff a remarqué qu'il existe au plus un polyèdre dont les faces ont des directions fixées et qui minimise l'énergie de surface à volume fixé. C'est ce que l'on appelle *la forme de Wulff*. Ce résultat a été prouvé mathématiquement par Dinghas en 1944, en utilisant l'inégalité de Brunn-Minkowski (cf. Théorème 2.1.9). Dès que l'on connaît les constantes de surface (les constantes capillaires), on a donc accès à la forme d'équilibre du cristal.

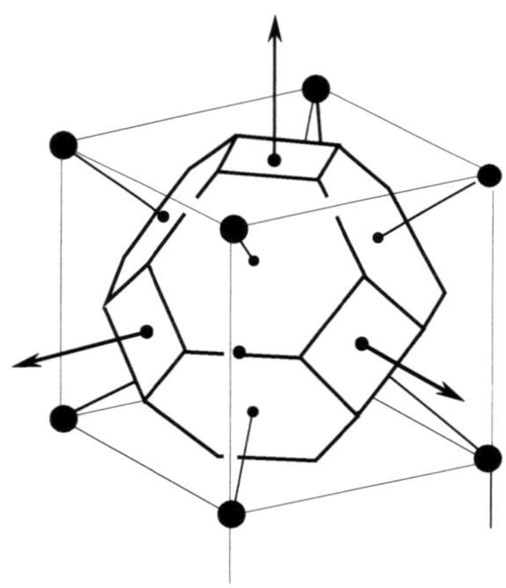

FIGURE 3.1 – Exemple de forme de Wulff

Nous n'allons pas discuter ici de ce modèle mais nous constatons déjà l'importance des considérations isopérimétriques dans la modélisation des problèmes au bord.

Ainsi, des études plus récentes ont tenté de résoudre ce problème et d'établir un résultat à partir de modèles microscopiques. Une des études fondatrices fut par exemple celle réalisée par Minlos et Sinai sur le modèle d'Ising (à ce sujet, se référer par exemple à [16]).

Tous ces modèles microscopiques incorporent un nouveau paramètre thermodynamique, la température. On commencera ici par un modèle relativement naïf de cristal à température nulle. On considère dans l'espace euclidien $\mathbb{R}^3$ un réseau de translation G et un sous-ensemble discret A (l'ensemble des atomes ou molécules du cristal infini idéal) invariant par G. Pour chaque paire (a_1, a_2) de points de A, on se donne de façon invariante par G une énergie d'interaction $e(a_1, a_2)$.

Un cristal réel est un sous-ensemble fini B de A. On lui associe une énergie de surface, somme des énergies d'interaction $e(a_1, a_2)$ pour toutes les paires (a_1, a_2) telles que $a_1 \in B$ et $a_2 \in A$. De manière imagée, c'est l'énergie qu'il faut employer à couper toutes les liaisons entre atomes pour découper le morceau B dans A.

Définition 3.1.1 (Norme cristalline)**.** On appelle *norme cristalline* la norme sur $\mathbb{R}^3$ obtenue par la construction suivante. Soit l une forme linéaire sur l'espace. Un cocycle représentant l est une fonction f sur A telle que pour $g \in G$ et $a \in A$, $f(a+g) = f(a) + l(g)$. La norme l^1 d'un cocycle f est la somme

$$\sum_{(a_1,a_2) \in A \times A/G} e(a_1, a_2)|f(a_2) - f(a_1)|.$$

En minimisant la norme l^1 des cocycles représentant une forme linéaire, on obtient une semi-norme sur le dual de $\mathbb{R}^3$. On définit alors la norme cristalline $|\cdot|_{cris}$ sur $\mathbb{R}^3$ comme la norme duale de celle-ci.

Remarque. On pourrait montrer que la boule unité de la norme cristalline est un polyèdre, éventuellement contenu dans un sous-espace. Si on suppose de plus que les énergies des liaisons considérées sont des nombres rationnels, ce polyèdre est lui-même rationnel (i.e. les équations des faces dans une base du groupe G sont à coefficients rationnels). On peut alors trouver un algorithme efficace de calcul des faces, ce qui est utile d'un point de vue pratique pour la vérification du modèle.

Définition 3.1.2. On définit une distance qui permet de comparer les parties finies et les parties convexes de l'espace euclidien. Soit donc X et X', deux parties compactes de l'espace euclidien $\mathbb{R}^n$. On note leur distance de Hausdorff $d_H(X, X')$ (cf. Définition 2.1.2). Soit μ et μ' deux mesures de probabilité sur $\mathbb{R}^n$. On note alors $\delta(\mu, \mu')$ la borne inférieure des nombres

$$d_H(Y, Y') + \mu(Y_c) + \mu'(Y'_c)$$

où Y et Y' sont des compacts quelconques de $\mathbb{R}^n$ de complémentaires Y_c et Y'_c.

Avant d'avancer vers le théorème principal, fixons certaines notations. Lorsque $B \in \mathbb{R}^n$ est un ensemble fini, on note μ_B la mesure de probabilité équirépartie sur B. Lorsque $D \in \mathbb{R}^n$ est un convexe plein d'un sous-espace affine de $\mathbb{R}^n$, on note μ_D la mesure de Lebesgue restreinte à D et normalisée pour que sa masse totale soit 1. On note $\delta(B, D) = \delta(\mu_B, \mu_D)$.

Théorème 3.1.3. *On suppose les liaisons attractives (i.e. $e(a_1, a_2) \geq 0$) et de courte portée ($e(a_1, a_2) = 0$ si la distance entre a_1 et a_2 est trop grande). Pour N entier, soit B_N une partie finie de l'ensemble A des atomes qui minimise l'énergie de surface parmi les parties à N éléments. On suppose que le centre de gravité de B_N est à l'origine. Il existe pour chaque N un homothétique B'_N de B_N tel que, lorsque N tend vers l'infini, la suite B'_N converge pour la distance δ vers la boule unité de la norme cristalline.*

On peut dès à présent souligner certains points. Tout d'abord, les hypothèses sur les liaisons sont restrictives. En particulier, elles excluent les cristaux ioniques. Toutefois, elles s'appliquent aux liaisons covalentes. Une vision intuitive de ce théorème est de considérer, qu'en un sens faible, les cristaux réels convergent vers un polyèdre convexe. Cependant, celui-ci peut être de dimension inférieure à trois. Cela décrit des cristaux dits lamellaires ou aciculaires (en forme d'aiguilles).

Le polyèdre convexe ainsi obtenu minimise à volume constant une énergie de surface. Nous voulons retrouver la tension superficielle correspondante. On considère donc un plan P, et un vecteur unitaire w normal à ce plan. On note ensuite l la forme linéaire $x \mapsto l(x) = \langle w, x \rangle$. On considère alors les plans parallèles d'équation $l(x) = t$, notés P_t. Ainsi, le « nombre des plans » de cette famille qui coupent un segment quelconque $[a_1, a_2]$ est $|l(a_2) - l(a_1)|$. On peut alors écrire l'énergie totale par cellule des liaisons coupées en moyenne par P et ses translatés, soit

$$\sum_{(a_1,a_2)\in A\times A/G} e(a_1, a_2)|l(a_2) - l(a_1)|.$$

Ce nombre dépend de la position des atomes dans la cellule, alors que la forme d'équilibre du cristal ne devrait dépendre que des énergies considérées.

Déplaçons donc les atomes dans la cellule en conservant la périodicité par le groupe G. On remplace alors chaque atome a par $a + \delta(a)$ où le vecteur $\delta(a)$ est fonction périodique de a. Ainsi, $|l(a_2) - l(a_1)|$ devient $|f(a_2) - f(a_1)|$ où l'on appelle f le cocycle $f = l + l \circ \delta$ qui représente l. Inversement, on montre que tout cocycle représentant l est de la forme précédente. Par conséquent, la borne inférieure de la définition 3.1.1 est alors l'énergie moyenne des liaisons coupées par les plans parallèles P, rendue de ce fait insensible aux variations périodiques des atomes du réseau. La tension superficielle $\nu(P)$ dans la direction de P est l'inverse de ce nombre.

Une fois calculée la tension superficielle, la forme d'équilibre s'obtient par la construction de Wulff classique. Pour chaque plan P, on considère le demi-espace contenant l'origine, bordé par le plan P situé à distance $\nu(P)$ de l'origine. La forme d'équilibre est alors l'intersection de ces demi-espaces.

Il existe bien sûr d'autres modèles, déterministes ou non, qui attribuent une part plus ou moins grande à divers paramètres, tels que la température par exemple. La plupart d'entre eux se résument à minimiser une énergie de surface étant donnée une tension superficielle (à l'aide d'enveloppes convexes notamment) et à utiliser des théorèmes de convergence qui mènent à la forme optimale.

Le résultat présenté ici est particulièrement intéressant puisqu'il repose sur le théorème 3.1.3 dont la preuve fait dans une large mesure appel aux inégalités isopérimétriques.

Présentons brièvement cette preuve. Il s'agit tout d'abord de comparer du point de vue isopérimétrique deux métriques sur $\mathbb{R}^n$, la métrique riemannienne périodique donnée, imposée par le modèle, et une norme non-euclidienne. On démontre alors le théorème suivant :

Théorème 3.1.4. *Soit T un tore riemannien de dimension n. On note I le profil isopérimétrique du revêtement universel de T. La limite*

$$c_\infty = \lim_{\tau \to \infty} \frac{I(\tau)}{\tau^{(n-1)/n}}$$

existe, elle vaut

$$c_\infty = nVA(H^{n-1}(T; Z); |\cdot|_\infty)^{1/n} \times Vol(T)^{(1-n)/n}$$

où $VA(\cdot)$ désigne le volume asymptotique du tore.

Il se démontre grâce à l'inégalité isopérimétrique dans un espace normé. La démonstration et l'explication complète des termes présentés ici nous emmèneraient un peu trop loin. On peut cependant préciser que le profil isopérimétrique est la borne inférieure des volumes des bords des sous-variétés compactes respectant certaines conditions, dont l'une fixe le volume.

Le théorème principal s'obtient alors en appliquant le théorème précédent à des métriques riemanniennes particulières, qui présentent une concentration de volume au voisinage des atomes, et qui donnent une grande aire aux surfaces qui coupent les liaisons.

Ainsi, nous voyons que l'outil des inégalités isopérimétriques peut se trouver aux fondements de théories importantes qui permettent la modélisation du réel. La prise en compte des problèmes au bord, ainsi que les questions de minimisation ont souvent recours aux principes variationnels dont sont issues ces inégalités. Elles sont aussi à l'origine de nombreux modèles permettant d'établir la forme d'équilibre des cristaux lorsque ceux-ci sont considérés comme réels.

3.2 Structures optimales

Nous allons désormais nous intéresser aux problèmes des structures optimales, dont l'exemple le plus connu est celui des bulles de savon. On cherche des fonctions qui représentent les surfaces de films de savon, et telles que l'énergie associée à la surface soit minimale, ce qui constitue bien un problème variationnel.

Nous nous intéresserons ici à un exemple particulier : « Quelle forme adopte un film de savon, i.e. une surface d'aire minimale, s'appuyant sur deux cercles définissant un cylindre droit ? » C'est un exemple qui a le mérite de nous éloigner de la traditionnelle bulle de savon. Par symétrie du problème, la solution est nécessairement une surface de révolution.

Soit donc $a > 0$, et Ω l'ensemble des fonctions $f : [0,1] \to \mathbb{R}$ de classe C^2 telles que $f > 0$ sur $[0,1]$ et $f(0) = f(1) = a$. Cherchons tout d'abord une expression de l'aire $E(f)$ de la surface de révolution associée au profil donné par le graphe de f relativement à l'axe des abscisses.

L'élément de surface infinitésimal intercepté entre les deux plans $X = x$ et $X = x + dx$ est donc un tronc de cône de hauteur infinitésimale dx. Son aire est donnée, au premier ordre, par le produit du périmètre de la base, $2\pi f(x)$, par la largeur interceptée, $\sqrt{1 + f'(x)^2}dx$. On trouve alors

$$E(f) = 2\pi \int_0^1 f(x)\sqrt{1 + f'(x)^2}dx.$$

On cherche ensuite à calculer le minimum de cette énergie avec les conditions aux bords imposées, ce qui implique une contrainte sur l'aire du film de savon obtenu. Si l'on pose

$$g_1(x, f(x), f'(x)) = f(x)\sqrt{1 + f'(x)^2},$$

on a $\frac{\partial g_1}{\partial x} = 0$. Nous pouvons donc appliquer l'identité de Beltrami (cf. Théorème 1.3.2), donc

$$g_1 - f'\frac{\partial g_1}{\partial f'} = \text{constante}.$$

Un calcul immédiat nous donne alors

$$\frac{f}{\sqrt{1 + f'^2}} = \text{constante}$$

soit

$$1 + f'^2 = c^2 f^2$$

où c est une constante d'intégration non nulle.

On peut ensuite remarquer que, sur tout intervalle où $c^2 f^2 > 1$, et où f' garde un signe constant, on a

$$\frac{f'}{\sqrt{c^2 f^2 - 1}} = \pm 1.$$

En intégrant, on en déduit l'existence d'une nouvelle constante c' telle que $\frac{1}{c} \arg\cosh(cf(x)) = \pm x + c'$, ce qui nous donne l'expression générale de f, le cas -1 n'apportant pas de nouvelle solution

$$f(x) = \frac{1}{c} \cosh(cx + d), c \in \mathbb{R} \setminus \{0\}, d \in \mathbb{R}.$$

Les conditions aux bords donnent la conclusion suivante : si $a < \frac{1}{2} \sinh(\alpha)$ (avec la définition $\alpha \tanh(\alpha) = 1$), alors une telle fonction f ne peut exister. Sinon, f est unique, et donnée par

$$f(x) = \frac{1}{c_1} \cosh(c_1(x - \frac{1}{2})) \text{ avec } ac_1 = \cosh(\frac{c_1}{2}).$$

On a donc l'équation d'une caténoïde, ce qui est la forme effectivement observée lorsque l'on fait l'expérience avec des cercles de rayon suffisamment grand, le cas d'un petit rayon donnant lieu à l'union disjointe de deux disques ayant chacun l'un des deux cercles pour bord. Ces formes ne sont pas les seules possibles puisque les films de savon adoptent des minima locaux d'énergie, et que de plus on peut avoir des films à trois surfaces, ce qui complique singulièrement le problème.

Ce problème des surfaces optimales (ou minimales) n'est d'ailleurs pas dénué d'applications concrètes. Au début des années 30, des architectes se sont servis de ces modèles pour construire des ouvrages d'importance, en particulier en Allemagne. Ainsi, le toit du stade athlétique de Munich comporte cinq portions principales faites de surfaces minimales.

La conception optimale relève du problème isopérimétrique de différentes façons. Dans le cas des films de savons, qui servent de modèles tant aux mathématiciens qu'aux architectes, l'équilibre est atteint lorsque l'aire de la membrane est à un minimum local. En 1760, Lagrange montra que ces surfaces minimales remplissent en tout point une condition d'ordre 2 : si localement la surface considérée est décrite sous la forme $z = f(x, y)$ dans un repère orthonormé, alors $(1 + f_y^2)f_{xx} - 2f_x f_y f_{xy} + (1 + f_x^2)f_{yy} = 0$. Géométriquement, cette équation siginifie que la courbure moyenne de la surface est nulle en tout point.

L'adoption d'une surface optimale est omniprésente dans le monde du vivant. On la retrouve ainsi dans la forme adoptée par de nombreuses cellules pour remplir leur fonction.

FIGURE 3.2 – Une caténoïde

3.3 Peut-on entendre la forme d'un tambour ?

Nous nous intéressons désormais aux problèmes d'isospectralité, et en particulier à celui développé par la question suivante : « Peut-on entendre la forme d'un tambour ? » Cette question fut soulevée par Mark Kac en 1966, et est moins innocente qu'il n'y paraît au premier abord. En effet, elle revêt une importance particulière dans le contrôle de structures. On peut par exemple s'intéresser ici aux axes des grands alternateurs ou des essieux de wagons. Ainsi, du temps où les microprocesseurs n'étaient pas aussi omniprésents qu'aujourd'hui, les cheminots frappaient les roues des trains en gare pour détecter la présence d'éventuelles fissures. La question posée par Kac revient donc à se demander si la forme du tambour est déterminée de manière univoque par le spectre de l'opérateur laplacien ou s'il existe des tambours isospectraux.

FIGURE 3.3 – Les harmoniques du tambour sont les racines carrées des valeurs propres du laplacien

Nous pouvons préciser dès à présent que l'on ne connaît explicitement que très peu de spectres, et que le champ des expériences réalisables est relativement restreint, d'où l'importance d'un modèle mathématique adapté. Nous verrons toutefois que les surfaces smectiques apportent un élément de réponse. Ainsi, on ne connaît pas explicitement le spectre d'un hexagone régulier sur $\mathbb{R}^2$.

Rappelons ici les définitions des problèmes de Dirichlet et de Neumann, qui vont servir de cadre au problème isospectral.

Définition 3.3.1 (Problème de Dirichlet)**.** Il s'agit de déterminer les couples non-triviaux (u, λ), où u est une fonction et où λ est un nombre, tels que

$$\begin{aligned} -\Delta u &= \lambda u \text{ dans } M \\ u &= 0 \text{ sur } \partial M \end{aligned}$$

où $M \subset \mathbb{R}^n$ est un domaine borné, de bord suffisamment régulier (dans un sens que l'on verra par la suite, mais par exemple C^∞ par morceaux).

Définition 3.3.2 (Problème de Neumann)**.** Il s'agit de déterminer les couples non-triviaux (u, λ), où u est une fonction et où λ est un nombre, tels que

$$\begin{aligned} -\Delta u &= \lambda u \text{ dans } M \\ \partial_n u &= 0 \text{ sur } \partial M \end{aligned}$$

où $\partial_n u$ désigne la dérivée normale de u (selon la normale unitaire intérieure à M) pour un domaine M défini comme précédemment.

Pour résoudre ces problèmes, on cherche en fait à diagonaliser l'opérateur Laplacien.

Théorème 3.3.3. *Il existe des domaines qui sont isospectraux. Ils ont même spectre pour le Laplacien avec condition de Dirichlet ou avec condition de Neumann, mais ils ne sont pas isométriques.*

Historiquement, les premiers domaines isospectraux furent exhibés par C. Gordon, D. Webb et S. Wolpert en 1991. On peut remarquer la longue période qui sépare ces contre-exemples à la question de M. Kac et la question elle-même.

Pour résoudre ces problèmes, les mathématiciens ont d'abord élargi la question au problème suivant : « Peut-on entendre la forme d'une variété riemanienne ? » En effet, il se trouve que l'ensemble des longueurs des géodésiques périodiques d'une variété riemanienne, ou « spectre de longueurs », est relié au spectre du Laplacien, pour certaines variétés au moins.

La démonstration du théorème se fait donc par l'exhibition d'un contre-exemple et la vérification qu'une fonction propre sur l'un des domaines correspond à une et une seule fonction propre sur l'autre domaine. Le lecteur intéressé trouvera cette démonstration dans [3]. L'intérêt de la question soulevée par M. Kac est ici essentiellement le fait qu'il s'agisse du problème inverse de celui auquel répond le théorème de Faber-Krahn, auquel nous nous sommes intéressés précédemment. En effet, ce théorème montre que $\lambda^*(\Omega) \geq \lambda^*(B)$ si $vol_n(\Omega) = \mathrm{vol}_n(B)$ où $\lambda^*(\Omega)$ est la première valeur propre du laplacien sur le domaine Ω. Ici, on se pose la question suivante : est-ce que si $\lambda^i(\Omega_1) = \lambda^i(\Omega_2)$ pour toutes les valeurs propres λ^i, on a nécessairement $\Omega_1 = \Omega_2$?

Expliquons rapidement pourquoi l'inégalité de Faber-Krahn entraine cette inégalité sur la première valeur propre du laplacien.

Minimiser la fonctionelle de Faber-Krahn revient, par la méthode des multiplicateurs de Lagrange, à minimiser la fonctionelle suivante :

$$J(\phi) = \int |\nabla\phi|^2 - \lambda \int |\phi|^2$$

Or ceci se ramène à avoir pour toute fonction test v l'égalité suivante :

$$\lim_{h\to 0} \frac{J(\phi + hv) - J(\phi)}{h} = 0$$

qui signifie que la dérivée partielle selon v est nulle. En explicitant J, on obtient la formulation variationnelle suivante :

$$\int \nabla\phi\nabla v = \lambda \int \phi v$$

qui, par la formule de Green et le lemme fondamental du calcul variationnel, équivaut à :

$$\Delta\phi = \lambda\phi.$$

Le coefficient multiplicateur de Lagrange se trouve donc être la valeur propre (minimale) du laplacien. L'inégalité de Faber-Krahn implique ensuite l'inégalité sur λ entre un domaine quelconque et un domaine délimité par une boule.

Enfin, en ce qui concerne les films smectiques, ces derniers ont permis de vérifier expérimentalement les conclusions des mathématiciens et donc d'apporter un regard pratique et neuf sur les problèmes isopérimétriques. Il s'agit de phases où il existe un ordre orientationnel et un ordre de position unidimensionnel. Ce film peut être considéré comme bidimensionnel, et une fois tendu, on lui applique une tension variable (excitation) ce qui permet de repérer ses modes propres. Le lecteur intéressé pourra se reporter pour plus de détails à [8].

Nous donnons ci-dessous le code et la sortie du programme Freefem++ que nous avons écrit pour trouver les premières valeurs propres d'un tambour de forme donnée. Dans le code ci-dessous, il s'agit d'une forme de cocotte. Il suffit de changer les premières lignes pour appliquer l'algorithme à une autre forme. Nous l'avons utilisé pour déterminer le spectre d'une cocotte et le spectre d'une flèche, ce qui permet de constater, comme on le voit ci-dessous, que ces deux formes différentes ont le même spectre.

```
-- FreeFem++ v  3.200000 (date Wed May 13 15:56:49     2009)
 Load: lg_fem  UMFPACK lg_mesh  glumesh2D lg_mesh3 eigenvalue
    1 : int Forme=-1;
    2 : verbosity = 0 ;
    3 :
    4 : ////////////////////////////////////
    5 : //    Les bords de la cocotte  //
    6 : ////////////////////////////////////
    7 :
    8 : border b10(t=0,1) {x=t;y=0;label=Forme;};
    9 : border b11(t=0,1) {x=1+t;y=t;label=Forme;};
   10 : border b12(t=0,1) {x=2-t;y=1;label=Forme;};
   11 : border b13(t=0,1) {x=1;y=1+t;label=Forme;};
   12 : border b14(t=0,1) {x=1-t;y=2+t;label=Forme;};
   13 : border b15(t=0,1) {x=-t;y=3-t;label=Forme;};
   14 : border b16(t=0,1) {x=-1+t;y=2;label=Forme;};
   15 : border b17(t=0,1) {x=0;y=2-2*t;label=Forme;};
   16 :
   17 : string legende1 = "Forme 1 Cocotte";
   18 :
```

```
////////////////////////////////////
//    Construction du maillage    //
////////////////////////////////////
int densite=3;
mesh Forme1 = buildmesh(b10(10*densite)+
b11(14*densite)+b12(10*densite)+ b13(10*densite)+
b14(14*densite)+b15(14*densite)+b16(10*densite)+
b17(22*densite));
////////////////////////////////////
//     Affichage du maillage      //
////////////////////////////////////
plot(Forme1,cmm=legende1,wait=1,
ps="Maillage Cocotte");
////////////////////////////////////
// Les espaces éléments finis P1 //
////////////////////////////////////
fespace Vh(Forme1,P1);
Vh u1,v1 ;
//////////////////////////////////////
//Construction des matrices M et K //
//////////////////////////////////////
varf rigidite(u1,v1)=int2d(Forme1)(dx(u1)*dx(v1)+
dy(u1)*dy(v1)) + on(Form e,u1=0);
varf masse([u1],[v1])=int2d(Forme1)(u1*v1);
matrix M = masse(Vh,Vh);
matrix K = rigidite(Vh,Vh);
```

```
//////////////////////////////////////////////
//Extraction des valeurs et vecteurs propres//
//////////////////////////////////////////////
int d= 10;
real[int] ev(d);
Vh[int] eV(d);
int lambda=EigenValue(K,M,sym=true,sigma=0,value=ev,
vector=eV,tol=1e-10, maxit=0,ncv=0);
/////////////////////////////////////
//     Affichage des resultats     //
/////////////////////////////////////
for (int i=0;i<lambda;i++)
        {
          u1=eV[i];
          cout << " La valeur propre numero "
<< i+1 << " vaut " << ev[i ]<<" ;"<<endl;
        }
/////////////////////////////////////
///////// FIN DU PROGRAMME //////////
/////////////////////////////////////
```

Voici la sortie :

```
La valeur propre numero 1 vaut 10.1791 ;
La valeur propre numero 2 vaut 14.6587 ;
La valeur propre numero 3 vaut 20.7751 ;
La valeur propre numero 4 vaut 26.2171 ;
La valeur propre numero 5 vaut 29.097 ;
La valeur propre numero 6 vaut 36.9729 ;
```

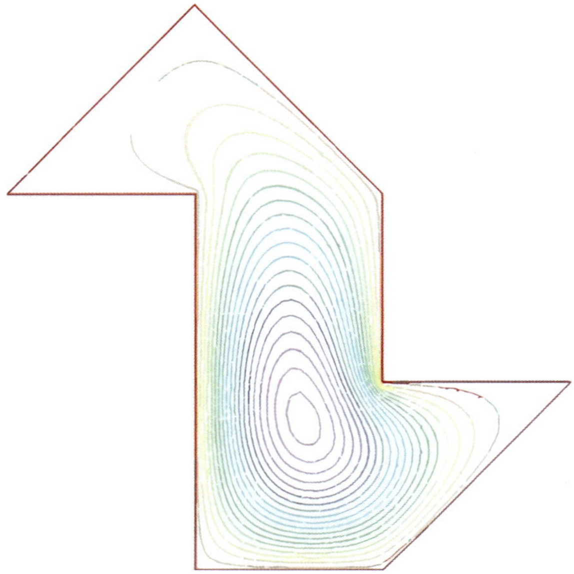

FIGURE 3.4 – La cocotte

```
La valeur propre numero 7 vaut 42.5584 ;
La valeur propre numero 8 vaut 46.3518 ;
La valeur propre numero 9 vaut 49.5577 ;
La valeur propre numero 10 vaut 52.509 ;
```

Pour la flèche, on obtient la sortie suivante :

```
La valeur propre numero 1 vaut 10.1797 ;
La valeur propre numero 2 vaut 14.6601 ;
La valeur propre numero 3 vaut 20.7782 ;
La valeur propre numero 4 vaut 26.2154 ;
La valeur propre numero 5 vaut 29.1045 ;
La valeur propre numero 6 vaut 36.9733 ;
La valeur propre numero 7 vaut 42.5595 ;
La valeur propre numero 8 vaut 46.3552 ;
```

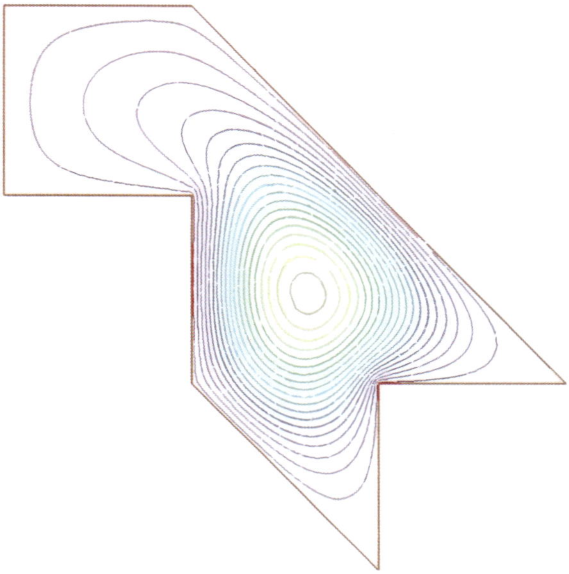

FIGURE 3.5 – La flèche

```
La valeur propre numero 9 vaut 49.5623 ;
La valeur propre numero 10 vaut 52.5009 ;
```

On peut donc se convaincre expérimentalement de l'isospectralité des deux formes.

Chapitre 4

Transport optimal

4.1 Position du problème

En mathématiques et en économie, la théorie du transport est le nom donné à l'étude du transfert optimal de matière et à l'allocation optimale de ressources. Le problème a été formalisé en 1781 dans le ≪ Mémoire sur la théorie des déblais et des remblais ≫ écrit en 1781 par le mathématicien français Gaspard Monge (qui est aussi un des fondateurs de l'École Polytechnique). Il s'agissait d'étudier comment transporter au moindre coût une masse de terre d'une zone donnée à une autre. La richesse de ce problème et de ses développements s'est révélée étonnante. D'importants développements ont été réalisés dans ce domaine pendant la Seconde Guerre mondiale par le mathématicien et économiste russe Leonid Kantorovich. Aujourd'hui, ce domaine est décisif en raison notamment de ses nombreuses applications aux problèmes isopérimétriques mais aussi aux équations aux dérivées partielles, aux inégalités de Sobolev, à l'économie, à la mécanique des fluides ...

Expliquons le type de problème dont il s'agit en prenant un exemple et en établissant sa formulation abstraite. On se donne un ensemble de N mines d'où est extrait un minerai de fer, et un ensemble de N usines utilisant ce minerai comme matière première. On suppose que ces mines et ces usines constituent deux sous-ensembles M et F de $\mathbb{R}^2$. On suppose également qu'on dispose d'une fonction coût $c : \mathbb{R}^2 \times \mathbb{R}^2 \to [0, +\infty]$ où $c(x, y)$ représente le coût de l'infrastructure de transport du minerai d'un site x à un site y. Par souci de simplicité, on ignore le temps mis lors de ce transfert. On considère également que chaque mine ne peut fournir en minerai qu'une seule usine (pas de partage de minerai durant le transfert) et que la quantité transférée doit être intégralement distribuée à une usine donnée pour que celle-ci soit opérationnelle (les usines ne peuvent fonctionner ni en sur-capacité ni en sous-capacité).

Ayant fait ces hypothèses, un plan de transport est une bijection $T : M \to F$: c'est un arrangement où chaque mine $x \in M$ alimente précisément une unique usine $T(x) \in F$. On désire trouver le transport optimal, c'est-à-dire la fonction T dont le coût total

$$c(T) := \sum_{x \in M} c(x, T(x))$$

est minimal vis-à-vis de tous les plans de transport possibles de M vers F.

Plus généralement, le type de problème qui nous intéresse est de type variationnel (avec des espaces de mesures pour l'espace fonctionnel) et s'écrit comme suit :

Définition 4.1.1. Soit (X, μ) et (Y, ν) deux espaces probabilisés. On notera $\Pi(\mu, \nu)$ l'espace des mesures de probabilité π sur l'espace $X \times Y$ dont les marginales sont μ sur X et ν sur Y, c'est-à-dire vérifiant pour tout couple (ϕ, ψ) de $L^1(d\mu) \times L^1(d\nu)$

$$\int_{X \times Y} [\phi(x) + \psi(y)] \, d\pi(x, y) = \int_X \phi(x) \, d\mu(x) + \int_Y \psi(y) \, d\nu(y)$$

Etant donné une fonction mesurable $c : X \times Y \to \mathbb{R}_+ \cup \{+\infty\}$ dite fonction de coût, le problème de transport optimal de Kantorovich est celui de la minimisation de

$$I[\pi] = \int_{X \times Y} c(x, y) \, d\pi(x, y)$$

avec $\pi \in \Pi(\mu, \nu)$. Aussi, indépendamment de l'existence d'éventuelles solutions, on définit le coût optimal de transport entre μ et ν comme étant

$$\mathcal{T}_c(\mu, \nu) = \inf_{\pi \in \Pi(\mu,\nu)} I[\pi].$$

On notera que $\Pi(\mu, \nu) \neq \emptyset$ puisque la mesure produit de μ et de ν admet bien pour marginales μ sur X et ν sur Y. On parlera de plan optimal pour désigner une solution du problème de transport optimal de Kantorovich.

Le problème de transport optimal de Monge consiste à se restreindre à des mesures $\pi_T \in \Pi(\mu, \nu)$ de type $d\pi_T(x, y) = d\mu(x)\, \delta[y = T(x)]$ où $T : X \to Y$ est mesurable. En d'autres termes, à chaque mine correspond une unique usine, alors que le problème de transport optimal de Kantorovich fait correspondre plusieurs usines à chaque mine.

Une question simple se pose alors de façon naturelle : quelles sont les fonctions T telles que $\pi_T \in \Pi(\mu, \nu)$? La condition de définition de $\Pi(\mu, \nu)$ pour (ϕ, ψ) un couple de $L^1(d\mu) \times L^1(d\nu)$ s'écrit

$$\int_X [\phi(x) + \psi(T(x))]\, d\mu(x) = \int_X \phi(x)\, d\mu(x) + \int_Y \psi(y)\, d\nu(y)$$

c'est-à-dire que, pour toute fonction $\psi \in L^1(d\nu)$, $\psi(T(x)) \in L^1(d\mu)$ et

$$\int_X \psi(T(x))\, d\mu(x) = \int_Y \psi(y)\, d\nu(y).$$

On dit que ν est l'image $T_{\#}\mu$ de μ par T. Le problème de Monge s'écrit donc sous la forme suivante :

Définition 4.1.2 (Problème de transport optimal de Monge)**.** Soit (X, μ) et (Y, ν) deux espaces probabilisés. Etant donnée une fonction mesurable $c : X \times Y \to \mathbb{R}_+ \cup \{+\infty\}$ dite fonction de coût, le *problème de transport optimal de Monge* est celui de la minimisation de

$$I[T] = \int_X c(x, T(x))\, d\mu(x)$$

sur l'ensemble des fonctions mesurables $T : X \to Y$ telles que $T_{\#}\mu = \nu$.

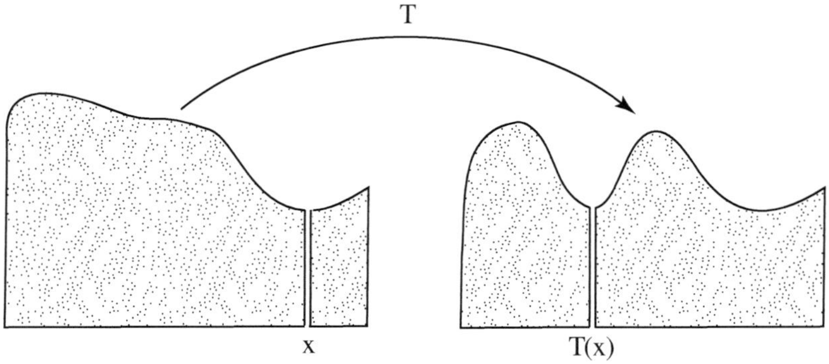

FIGURE 4.1 – Exemple de plan de transport

4.2 Résultats préliminaires

4.2.1 Quelques résultats de théorie de l'intégration

Nous étudierons ici des mesures sur des espaces mesurables construits à partir de leur structure topologique. Le support d'une mesure μ positive sur un espace X ($\mathcal{T}$ désignera l'ensemble des ouverts de X) est l'ensemble :

$$\operatorname{supp}(\mu) = \{x \in X : \forall U \in \mathcal{T}, x \in U \Rightarrow \mu(U) > 0\}.$$

Il s'agit aussi du plus grand fermé tel que tout ouvert U l'intersectant soit de mesure strictement positive.

En effet, le support de μ contient clairement tous ces fermés et vérifie clairement la propriété de stricte positivité de la mesure de tout ouvert l'intersectant. C'est un fermé car si $x \in \overline{\operatorname{supp}(\mu)}$ et $x \in U$ où U ouvert alors U intersecte $\operatorname{supp}(\mu)$ donc est de mesure strictement positive.

L'espace $\mathcal{M}$ des mesures signées bornées sur $X = \mathbb{R}^n$ sera muni de la topologie séparée de la convergence étroite (il s'agit de la topologie faible associée à la dualité entre cet espace et l'espace des fonctions continues bornées sur $\mathbb{R}^n$). On privilégiera le sous-ensemble $\mathcal{P}$ de $\mathcal{M}$ constitué des mesures de probabilité. Nous aurons besoin du résultat suivant :

Théorème 4.2.1 (Prokhorov). *Soit* Π *un ensemble de mesures de probabilité sur* $\mathbb{R}^n$*. Si* Π *est tendu, c'est-à-dire si, pour tout* $\epsilon > 0$*, il existe un compact* K *de* $\mathbb{R}^n$ *tel que, pour tout* $\pi \in \Pi$*,* $\pi(\mathbb{R}^n \setminus K) \leq \epsilon$*, alors* Π *est relativement compact dans* $\mathcal{P}$*.*

Démonstration. Rappelons tout d'abord que, d'après le théorème d'Alaoglu, l'ensemble B des mesures bornées sur $\mathbb{R}^n$ de masse totale ≤ 1 est compact. Π est donc relativement compact dans $\mathcal{M}$.

Pour des raisons de séparation, il suffit donc de prouver que, si une suite (π_k) de Π converge dans $\mathcal{M}$ vers $\tilde{\pi} \in B$ alors $\tilde{\pi} \in \mathcal{P}$.

Soit $\epsilon > 0$. Par hypothèse, il existe un compact K de $\mathbb{R}^n$ tel que, pour tout $\pi \in \Pi$, $\pi(\mathbb{R}^n \setminus K) \leq \epsilon$. Soit f une fonction continue de $\mathbb{R}^n$ dans $[0,1]$ valant 1 sur K. Alors

$$|\tilde{\pi}| \geq \int_{\mathbb{R}^n} f(x)\, d\tilde{\pi}$$

$$\int_{\mathbb{R}^n} f(x) d\tilde{\pi} = \lim_{k \to +\infty} \int_{\mathbb{R}^n} f(x)\, d\pi_k$$

$$\int_{\mathbb{R}^n} f(x) d\pi_k \geq \lim_{k \to +\infty} \pi_k(K) \geq 1 - \epsilon.$$

Comme $\tilde{\pi} \in B$ et que $\epsilon > 0$ est quelconque, on en déduit que la masse totale de $\tilde{\pi}$ vaut 1. Comme il est clair que la limite de mesures positives est positive, nous avons, comme voulu, $\tilde{\pi} \in \mathcal{P}$.

□

4.2.2 Quelques résultats liés à la convexité

Commençons par une définition simple :

Définition 4.2.2. Une *fonction convexe* sur un ouvert convexe Ω de $\mathbb{R}^n$ est une fonction $f : \Omega \to \mathbb{R} \cup \{+\infty\}$ telle que

$$\forall (x, y) \in \Omega^2, \forall t \in [0,1], f(tx + (1-t)y) \leq tf(x) + (1-t)f(y).$$

f est dite convexe non triviale si elle est convexe et n'est pas la fonction constante $+\infty$.

Notons que l'on peut toujours prolonger f par $+\infty$ en dehors de Ω. De ce fait, on peut se restreindre à l'étude de fonctions convexes sur $\mathbb{R}^n$. Aussi, pour toute fonction convexe, l'image réciproque de $\mathbb{R}$ est un convexe. Ce convexe est non vide si la fonction est non triviale. On admettra que sa frontière est de mesure de Lebesgue nulle (on peut en fait même prouver que toute frontière de convexe est de dimension de Hausdorff au plus $n-1$).

Définition 4.2.3. La *sous-différentielle* d'une fonction convexe f sur $\mathbb{R}^n$ est l'application ∂f de $\mathbb{R}^n$ dans $\mathcal{P}(\mathbb{R}^n)$ définie par

$$y \in \partial f(x) \Leftrightarrow [\forall z \in \mathbb{R}^n, f(z) \geq f(x) + (y, z-x)]$$

où $(\cdot, \cdot)$ est le produit scalaire euclidien.

Le graphe $\{(x,y) \in \mathbb{R}^n \times \mathbb{R}^n : y \in \partial f(x)\}$ sera encore noté ∂f.

Remarquons que, si f est différentiable en x alors $\partial f(x) = \{\nabla f(x)\}$. Aussi, si f est convexe non triviale et que $f(x) = +\infty$ alors $\partial f(x) = \emptyset$. Nous allons avoir besoin d'un résultat de différentiabilité des fonctions convexes :

Théorème 4.2.4. *Soit f une fonction convexe finie sur un ouvert Ω de $\mathbb{R}^n$. f est alors localement lipschtizienne et, si $x \in \Omega$ et $y \in \mathbb{R}^n$, la limite*

$$f'(x;y) = \lim_{h \to 0+} \frac{f(x+hy) - f(x)}{h}$$

existe avec convergence uniforme sur les compacts.

Si $t \geq 0$, $y_1 \in \mathbb{R}^n$, $y_2 \in \mathbb{R}^n$ et $z \in \mathbb{R}^n$ avec $x+z \in \Omega$

$$\begin{aligned} f'(x;ty) &= tf'(x;y), \\ f'(x;y) &\leq f(x+y) - f(x), \\ f'(x;y_1+y_2) &\leq f'(x;y_1) + f'(x;y_2). \end{aligned}$$

Pour presque tout $x \in \Omega$, f est différentiable en x *et* $d_x f(y) = f'(x;y)$.

Démonstration. (Cette preuve est tirée de [13])

Soit E un sous-ensemble fini de Ω et C l'enveloppe convexe de E. f est majorée par $M = \max_{x \in E} f(x)$ sur C. Ainsi, si $x \in C$, $y \in \mathbb{R}^n$ avec $x + y$ et $x - y$ appartenant à C, et $h \in [0, 1]$, on obtient en utilisant plusieurs fois l'inégalité de Jensen

$$\begin{aligned} h(f(x) - M) &\leq h(f(x) - f(x-y)) \\ &\leq f(x + hy) - f(x) \\ &\leq h(f(x+y) - f(x)) \leq h(M - f(x)) \end{aligned}$$

dont on déduit que f est localement lipschtizienne.

La limite $f'(x; y)$ existe en tant que dérivée à droite de la fonction convexe $h \mapsto f(x + hy)$ définie sur un voisinage de 0 dans $\mathbb{R}$.

Soit K un compact et $h > 0$ tel que $x + hK \subset \Omega$. Si $h_n \downarrow 0$ est majorée par h alors, comme la suite de fonctions continues

$$g_n(\cdot) = (f(x + h_n \cdot) - f(x)) / h_n$$

est décroissante de limite simple $f(x; \cdot)$, elle converge uniformément sur K. D'où la propriété voulue de convergence uniforme sur les compacts. Les propriétés d'homogénéité et de majoration de $f'(x; y)$ sont claires. La propriété de convexité résulte d'un passage à la limite sur $h \to 0+$ dans

$$\begin{aligned} f'(x; y_1 + y_2) &\leq 2 \frac{f\left(x + \frac{h}{2}(y_1 + y_2)\right) - f(x)}{h} \\ &\leq \frac{f(x + hy_1) - f(x)}{h} + \frac{f(x + hy_2) - f(x)}{h} \end{aligned}$$

Soit (e_i) une base de $\mathbb{R}^n$ et $k \in \{1, \ldots, n\}$, fixé dans un premier temps. Si $(x_i)_{i \neq k}$ est un $(n-1)$-uplet de réels, puisque la fonction

$$g : x_k \mapsto f\left(x_k e_k + \sum_{i \neq k} x_i e_i\right)$$

est convexe, sa dérivée à gauche et sa dérivée à droite coïncident à un ensemble dénombrable près sur l'ouvert $g^{-1}(\mathbb{R}^n)$. Par le théorème de Fubini, on en déduit que $f'(x;-e_k) = -f'(x;e_k)$ pour presque tout $x \in \Omega$. Ainsi, pour presque tout $x \in \Omega$, $f'(x;-e_k) = -f'(x;e_k)$ pour tout k. Pour une telle valeur de x

$$\begin{aligned} h(y) &\equiv f'\left(x; \sum_{k=1}^{n} y_k e_k\right) - \sum_{k=1}^{n} y_k f'(x;e_k) \\ &\leq \sum_{k=1}^{n} \left(f'(x;y_k e_k) - y_k f'(x;e_k)\right) = 0 \end{aligned}$$

Or $0 = h(0) \leq \frac{1}{2}(h(y) + h(-y))$ pour tout y. Ainsi, h est nulle donc f est différentiable et $d_x f(y) = f'(x;y)$.

□

4.3 Étude du cas d'un coût quadratique

Ici nous allons étudier spécifiquement le cas d'un coût quadratique, un des cas à la fois parmi les plus simples et les plus importants dans l'étude du transport optimal. Ici $X = Y = \mathbb{R}^n$ et $c(x,y) = |x-y|^2/2$ (la norme choisie est la norme euclidienne). Pour les mesures de probabilité μ et ν choisies sur $\mathbb{R}^n$, on supposera que μ est une mesure à densité par rapport à la mesure de Lebesgue et que $\mathcal{T}_c(\mu,\nu)$ est fini (il suffit par exemple de supposer $I[\mu \otimes \nu]$ fini). Nous allons procéder en trois temps. Tout d'abord, nous établirons l'existence de plans optimaux. Ensuite, nous donnerons des conditions sur ces plans optimaux. Enfin, nous exposerons l'équation de Monge-Ampère, équation vérifiée par les plans optimaux.

4.3.1 Existence de solutions

Montrons que $\Pi(\mu,\nu)$ est tendu. Fixons $\epsilon > 0$. Si K_N est le compact $[-N,N]^n$ alors l'union dénombrable des K_N est $\mathbb{R}^n$ donc, pour N assez grand, $\mu(K_N) > 1 - \frac{\epsilon}{2}$ et $\nu(K_N) > 1 - \frac{\epsilon}{2}$. Alors, pour tout $\pi \in \Pi(\mu, \nu)$

$$\begin{aligned}\pi\left((\mathbb{R}^n \times \mathbb{R}^n) \setminus (K_N \times K_N)\right) &\leq \pi\left((\mathbb{R}^n \setminus K_N) \times \mathbb{R}^n\right) + \pi\left(\mathbb{R}^n \times (\mathbb{R}^n \setminus K_N)\right) \\ &\leq \mu(\mathbb{R}^n \setminus K_N) + \nu(\mathbb{R}^n \setminus K_N) < \epsilon\end{aligned}$$

dont on déduit que $\Pi(\mu, \nu)$ est tendu et donc relativement compact d'après le théorème de Prokhorov. La définition de $\Pi(\mu, \nu)$ montre que $\Pi(\mu, \nu)$ est un fermé. C'est donc un compact.

Soit (π_k) une suite de $\Pi(\mu, \nu)$ telle que $I[\pi_k]$ tende vers le coût optimal de transport entre μ et ν (qui est fini par hypothèse). D'après ce qui précède, on peut supposer (après passage éventuel à une sous-suite) que (π_k) converge vers une limite π dans $\Pi(\mu, \nu)$. Alors, si c_m est la fonction continue bornée $\inf(m, c)$, en utilisant successivement le théorème de convergence monotone, le fait que (π_k) converge vers une limite π et encore une fois le théorème de convergence monotone (avec une interversion de limites justifiée car les termes sont positifs), nous avons

$$\begin{aligned}\int c(x,y)\, d\pi(x,y) &= \lim_{m \to +\infty} \int c_m(x,y)\, d\pi(x,y) \\ &= \lim_{m \to +\infty} \lim_{k \to +\infty} \int c_m(x,y)\, d\pi_k(x,y) \\ &= \lim_{k \to +\infty} \int c(x,y)\, d\pi_k(x,y) = \mathcal{T}_c(\mu, \nu)\end{aligned}$$

dont il résulte que π est un plan optimal. Nous avons donc établi que :

Proposition 4.3.1. *Le problème de transport optimal de Kantorovich admet au moins un plan optimal.*

4.3.2 Forme des solutions

La notion suivante est pratique pour l'étude des plans optimaux :

Définition 4.3.2. On dira qu'un sous-ensemble A de $\mathbb{R}^n \times \mathbb{R}^n$ est cycliquement monotone s'il y a un nombre positif k, des valeurs $(x_i, y_i)_{1 \leq i \leq k} \in A^k$

et un $\sigma \in S_k$ tels que

$$\sum_{i=1}^{k} |x_i - y_i|^2 \leq \sum_{i=1}^{k} \left|x_i - y_{\sigma(i)}\right|^2.$$

L'intérêt de cette définition apparaît avec le résultat suivant :

Proposition 4.3.3. *Avec les notations précédentes, tout plan π optimal est de support cycliquement monotone.*

Démonstration. (Cette preuve est tirée de [17])

Raisonnons par l'absurde, prenant $k \geq 1$, $(x_i, y_i)_{1 \leq i \leq k}$ dans $(\mathrm{supp}\,(\pi))^k$ et $\sigma \in S_k$ tels que $\sum_{i=1}^{k} |x_i - y_i|^2 > \sum_{i=1}^{k} \left|x_i - y_{\sigma(i)}\right|^2$. En choisissant k minimal, on peut supposer σ sans point fixe. Posons alors

$$\begin{aligned} f : (\mathbb{R}^n \times \mathbb{R}^n)^k &\to \mathbb{R} \\ (x'_i, y'_i)_{1 \leq i \leq k} &\mapsto \sum_{i=1}^{k} \left(|x'_i - y'_i|^2 - \left|x'_i - y'_{\sigma(i)}\right|^2 \right) \end{aligned}$$

qui est une fonction continue telle que $f\left((x_i, y_i)_{1 \leq i \leq k}\right) > 0$. Ainsi, il existe des voisinages ouverts U_i de x_i et V_i de y_i tels que l'image du produit des $U_i \times V_i$ par f est minorée par $m > 0$. Par définition du support, pour tout i, nous avons : $\pi\,(U_i \times V_i) > 0$.

Soit

$$\pi_i\,(B) = \frac{\pi\,(B \cap (U_i \times V_i))}{\pi\,(U_i \times V_i)}$$

et μ_i et ν_i les marginales de π_i. Enfin, prenons $\tilde{\pi}_i = \mu_i \otimes \nu_{\sigma(i)}$.

Comme $\epsilon = \min_i \pi(U_i \times V_i)$ est clairement positif pour tout i, la mesure $\pi - \epsilon \sum_{i=1}^{k} \pi_i$ est aussi positive. La mesure $\tilde{\pi} = \pi - \epsilon \sum_{i=1}^{k} (\pi_i - \tilde{\pi}_i)$ est donc elle aussi positive. Comme sa masse totale vaut 1, c'est une mesure de probabilité. L'examen de ses marginales montre immédiatement que $\tilde{\pi} \in \Pi\,(\mu, \nu)$. Comme $I\,[\pi]$ est supposé fini, nous pouvons donc écrire par hypothèse d'optimalité sur π

$$\begin{aligned}
0 &\leq I[\tilde{\pi}] - I[\pi] \\
&= -\frac{\epsilon^2}{2} \int\int_{\mathbb{R}^n \times \mathbb{R}^n} |x-y|^2 \, d\left(\sum_{i=1}^{k} (\pi_i - \tilde{\pi}_i)\right)(x,y) \\
&= -\frac{\epsilon^2}{2} \int_{(\mathbb{R}^n \times \mathbb{R}^n)^k} f\left((x_i', y_i')_{1\leq i\leq k}\right) d\left(\bigotimes_{i=1}^{k} \pi_i\right)\left((x_i', y_i')_{1\leq i\leq k}\right) \\
&\leq -\frac{m\epsilon^2}{2}
\end{aligned}$$

car la mesure $\bigotimes_{i=1}^{k} \pi_i$ est concentrée sur le produit des $U_i \times V_i$. Comme $m > 0$, ceci est absurde, ce qui conclut la démonstration.

□

Bien sûr, a priori, la propriété d'être cycliquement monotone ne semble pas très maniable. Le résultat suivant permet d'utiliser plus facilement cette notion :

Théorème 4.3.4 (Rockafellar). *Un sous-ensemble non vide A de $\mathbb{R}^n \times \mathbb{R}^n$ est cycliquement monotone si et seulement si il est inclus dans le graphe de la sous-différentielle d'une fonction f convexe non triviale semi-continue inférieurement, définie sur $\mathbb{R}^n$.*

Démonstration. (Cette preuve est tirée de [18])

Tout d'abord montrons que le graphe de la sous-différentielle d'une fonction ϕ convexe non triviale semi-continue inférieurement, définie sur $\mathbb{R}^n$, est cycliquement monotone. Soit $(x_i, y_i)_{1\leq i\leq k} \in (\partial f)^k$. Par définition de la sous-différentielle, si $z \in \mathbb{R}^n$

$$f(z) \geq f(x_i) + (y_i, z - x_i)$$

En particulier, en notant, pour tout i, $x_i = x_j$ et $y_i = y_j$ où j est l'élément de $[1, k]$ appartenant à la classe de congruence de i modulo k :

$$f(x_{i+1}) \geq f(x_i) + (y_i, x_{i+1} - x_i).$$

Donc on déduit, après sommation sur i, que :

$$0 \geq \sum_{i=1}^{k} (y_i, x_{i+1} - x_i) = \sum_{i=1}^{k} \left(|x_i - y_i|^2 - |x_i - y_{i-1}|^2 \right)$$

dont il résulte immédiatement la condition de cyclicité monotone pour des cycles. Comme toute permutation est produit de cycles disjoints, il en résulte bien que ∂f est cycliquement monotone.

Soit maintenant A un sous-ensemble quelconque non vide de $\mathbb{R}^n \times \mathbb{R}^n$ et, si $(x_0, y_0) \in A$, posons

$$f(x) = \sup \left\{ (y_k, x - x_k) + \sum_{i=0}^{k-1} (y_i, x_{i+1} - x_i) : k \geq 0, (x_i, y_i)_{1 \leq i \leq k} \in A^k \right\}$$

qui est une fonction convexe semi-continue inférieurement, définie sur $\mathbb{R}^n$, en tant que borne supérieure de fonctions affines. C'est maintenant que nous allons avoir besoin de faire l'hypothèse que A est cycliquement monotone. Faisant cette hypothèse, f est alors non triviale puisque $f(x_0) = 0$.

Il suffit pour conclure de montrer que A est inclus dans le graphe de la sous-différentielle de f. Pour $(x, y) \in A$ fixé, soit donc $z \in \mathbb{R}^n$. Alors, si $k \geq 0$ et $(x_i, y_i)_{1 \leq i \leq k}$ est pris dans A^k, par définition de f

$$f(z) \geq (y, z - x) + (y_k, x - x_k) + \sum_{i=0}^{k-1} (y_i, x_{i+1} - x_i)$$

dont on déduit, après passage à la borne supérieure sur l'ensemble des $k \geq 0$ et des $(x_i, y_i)_{1 \leq i \leq k} \in A^k$

$$f(z) \geq (y, z - x) + f(x)$$

qui signifie, puisque z est quelconque, que $(x, y) \in \partial f$ comme voulu. □

Par le lemme de Zorn, nous pouvons considérer un sous-ensemble A de $\mathbb{R}^n$ cycliquement monotone, maximal pour l'inclusion et contenant le support d'un plan optimal fixé π. L'adhérence de A étant clairement aussi cycliquement monotone, A est fermé. Aussi, par le théorème de Rockafellar, c'est le graphe de la sous-différentielle d'une fonction f convexe non triviale semi-continue inférieurement, définie sur $\mathbb{R}^n$. Avec ces notations, nous allons démontrer :

Proposition 4.3.5. *La mesure ν est la mesure image de μ par $T = \nabla f$ et $\pi = \pi_T$.*

Démonstration. (Cette preuve est tirée de [15])

Notons d'abord que f est différentiable μ-pp. En effet, le support de π étant inclus dans $A = \partial f \subset f^{-1}(\mathbb{R}) \times \mathbb{R}^n$, celui de μ est inclus dans l'adhérence $f^{-1}(\mathbb{R})$. Mais, la frontière de $f^{-1}(\mathbb{R})$ et l'ensemble des points de non-différentiabilité de f dans l'intérieur de $f^{-1}(\mathbb{R})$ sont négligeables au sens de la mesure de Lebesgue. L'hypothèse d'absolue continuité de μ assure alors que f est différentiable μ-pp.

T est mesurable en tant que limite μ-pp des fonctions continues sur l'intérieur de $f^{-1}(\mathbb{R})$ que sont les

$$x \longmapsto \left(n\left(f\left(x + \frac{1}{n}e_i\right) - f(x)\right)\right)_{1 \leq i \leq n}$$

dans la base canonique $(e_i)_{1 \leq i \leq n}$ de $\mathbb{R}^n$.

Pour conclure, il suffit donc de prouver que $\pi = \pi_T$. Désignons par S l'ensemble des couples $(x, T(x))$ où x parcourt l'ensemble D des points de différentiabilité de f. Comme A est fermé, l'ensemble $S = A \bigcap (D \times \mathbb{R}^n)$ est un borélien. Aussi, $\pi(S) = 1$ puisqu'on a $A \supset \operatorname{supp}(\pi)$ et que $\pi(D \times \mathbb{R}^n) = \mu(D) = 1$.

Soit M et N deux boréliens de $\mathbb{R}^n$. Nous avons

$$(M \times N) \bigcap S = \left(\left(M \bigcap T^{-1}(N)\right) \times \mathbb{R}^n\right) \bigcap S$$

donc

$$\begin{aligned}
\pi(M \times N) &= \pi\left(\left(M \bigcap T^{-1}(N)\right) \times \mathbb{R}^n\right) \\
&= \mu\left(M \bigcap T^{-1}(N)\right) \\
&= \pi_T(M \times N).
\end{aligned}$$

En prenant en compte le fait que les produits $M \times N$ de boréliens de $\mathbb{R}^n$ engendrent la tribu borélienne de $\mathbb{R}^n \times \mathbb{R}^n$, l'assertion en résulte. □

Regroupons les différents résultats précédents :

Théorème 4.3.6 (Brenier). *Soit $X = Y = \mathbb{R}^n$. On choisit comme fonction de coût $c(x, y) = |x - y|^2/2$, et on prend des mesures de probabilité μ et ν sur $\mathbb{R}^n$, où μ est absolument continue par rapport à la mesure de Lebesgue. On suppose que $\mathcal{T}_c(\mu, \nu)$ est fini. Alors il existe un plan optimal de la forme π_T où T est le gradient d'une fonction f convexe non triviale semi-continue inférieurement. Notons que T est définie μ-presque partout. En particulier, la mesure ν est la mesure image de μ par T : $\nu = T(\mu)$.*

En fait, on peut établir l'unicité du plan optimal mais ce fait ne nous servira pas ici. Notons aussi que nous avons résolu les problèmes de Kantorovich et de Monge simultanément.

4.3.3 Équation de Monge-Ampère

Supposons que, avec les notations précédentes, ∇f soit C^1 et injective. A cette hypothèse, ajoutons celle que ν soit à densité v par rapport à la mesure de Lebesgue (on notera u la densité de μ). Si ζ est continue bornée sur $\mathbb{R}^n$ alors, d'après ce qui précède

$$\begin{aligned}\int \zeta(\nabla f(x))\, u(x)\, dx &= \int \zeta(y)\, v(y)\, dy \\ &= \int \zeta(\nabla f(x))\, v(\nabla f(x)) \det\left(\nabla^2 f(x)\right) dx\end{aligned}$$

qui fournit, puisque ζ est arbitraire

$$u(x) = v(\nabla f(x)) \det\left(\nabla^2 f(x)\right)$$

C'est, aux singularités liées aux zéros de v près, une équation de Monge-Ampère c'est-à-dire une équation de la forme

$$\det\left(\nabla^2 f(x)\right) = F(x, f(x), \nabla f(x))$$

Nous admettrons que nous pouvons construire une généralisation de la matrice hessienne dans le cas général (c'est la matrice $\nabla_A^2 f$ hessienne au sens d'Alexandrov). Le résultat (admis) plus général suivant est alors valide [18] :

Théorème 4.3.7 (Equation de Monge-Ampère, forme générale). *Pour $X = Y = \mathbb{R}^n$, si l'on prend comme fonction de coût $c(x, y) = |x - y|^2 / 2$, que l'on prend des mesures de probabilité μ et ν sur $\mathbb{R}^n$, où μ et ν sont à densités respectives u et v par rapport à la mesure de Lebesgue et que $\mathcal{T}_c(\mu, \nu)$ fini, alors la mesure ν est la mesure image de μ par le gradient, défini μ-pp, d'une fonction f convexe non triviale semi-continue inférieurement. Une telle fonction f vérifie, pour presque tout x*

$$u(x) = v(\nabla f(x)) \det\left(\nabla_A^2 f(x)\right).$$

C'est de ce dernier théorème dont nous nous servirons pour démontrer l'inégalité isopérimétrique.

4.4 Démonstration de l'inégalité isopérimétrique

Nous allons démontrer l'inégalité suivante :

Théorème 4.4.1 (Inégalité de Prékopa-Leindler). *Soit f, g et h trois fonctions intégrables positives définies sur $\mathbb{R}^n$ et $\lambda \in [0, 1]$. Supposons que*

$$\forall (x, y) \in \mathbb{R}^n \times \mathbb{R}^n, \ \left[h((1-\lambda)x + \lambda y) \geq f(x)^{1-\lambda} g(y)^{\lambda}\right].$$

Alors

$$\int_{\mathbb{R}^n} h(x)\, dx \geq \left(\int_{\mathbb{R}^n} f(x)\, dx\right)^{1-\lambda} \left(\int_{\mathbb{R}^n} g(x)\, dx\right)^{\lambda}.$$

Expliquons dès maintenant en quoi ce théorème fournit l'inégalité de Brunn-Minkowski et donc aussi l'inégalité isopérimétrique.

Si $\lambda = \frac{\mathrm{vol}_n(Y)^{1/n}}{\mathrm{vol}_n(X)^{1/n} + \mathrm{vol}_n(Y)^{1/n}}$, on peut prendre pour f, g et h les fonctions caractéristiques associées respectivement aux ensembles $\frac{X}{1-\lambda}$, $\frac{Y}{\lambda}$ et $X +$

Y. Les conditions de l'inégalité de Prékopa-Leindler sont alors clairement vérifiées, celle-ci s'écrivant

$$\begin{aligned}\mathrm{vol}_n(X+Y) &\geq \left(\frac{\mathrm{vol}_n(X)}{(1-\lambda)^n}\right)^{1-\lambda}\left(\frac{\mathrm{vol}_n(Y)}{\lambda^n}\right)^{\lambda} \\ &\geq \left(\mathrm{vol}_n(X)^{1/n}+\mathrm{vol}_n(Y)^{1/n}\right)^{n(1-\lambda)} \cdot \\ &\left(\mathrm{vol}_n(X)^{1/n}+\mathrm{vol}_n(Y)^{1/n}\right)^{n\lambda} \\ &\geq \left(\mathrm{vol}_n(X)^{1/n}+\mathrm{vol}_n(Y)^{1/n}\right)^{n}\end{aligned}$$

qui n'est rien d'autre que l'inégalité de Brunn-Minkowski.

Passons à la démonstration de l'inégalité de Prékopa-Leindler. Pour ce faire, commençons par le lemme élémentaire suivant :

Lemme 4.4.2. *Si A et B appartiennent à $S_n^+(\mathbb{R})$ (ensemble des matrices symétriques positives sur $\mathbb{R}$) alors*

$$(\det(A+B))^{1/n} \geq (\det A)^{1/n} + (\det B)^{1/n}$$

et, si $\lambda \in [0,1]$

$$\det(\lambda A + (1-\lambda)B) \geq (\det A)^{\lambda}(\det B)^{1-\lambda}.$$

Démonstration. Pour le premier point, on peut supposer que $B = I$ (il suffit de remplacer A par $B^{-1/2}AB^{-1/2}$, sachant que l'on peut supposer B définie positive en utilisant la densité des matrices symétriques définies positives dans l'espace des matrices symétriques positives). On peut, après diagonalisation éventuelle, supposer que A est diagonale avec $a_i \equiv a_{ii} \geq 0$. La relation voulue résulte alors de l'inégalité arithmético-géométrique

$$\prod_{i=1}^{n}\left(\frac{1}{1+c_i}\right)^{1/n} + \prod_{i=1}^{n}\left(\frac{c_i}{1+c_i}\right)^{1/n} \leq \frac{1}{n}\sum_{i=1}^{n}\frac{1}{1+c_i} + \frac{1}{n}\sum_{i=1}^{n}\frac{c_i}{1+c_i} = 1.$$

Quant au second point, il résulte du premier en écrivant

$$\begin{aligned}(\det(\lambda A+(1-\lambda)B))^{1/n} &\geq \lambda(\det A)^{1/n}+(1-\lambda)(\det B)^{1/n}\\ &\geq (\det A)^{\lambda/n}(\det B)^{(1-\lambda)/n}.\end{aligned}$$

où la dernière inégalité résulte de l'inégalité arithmético-géométrique. □

Nous pouvons maintenant passer au corps de la démonstration de l'inégalité de Prékopa-Leindler :

Démonstration. (Cette preuve est tirée de [18])

Soit u_k une suite de fonctions continues à support compact de $\mathbb{R}^n$ dans $[0,1]$ qui converge vers la fonction constante égale à 1. Par le théorème de convergence dominée, on peut remplacer f par fu_k et g par gu_k. Ainsi, on se ramène à des fonctions f et g de supports compacts. Après normalisation éventuelle, on peut évidemment aussi supposer que les intégrales de f et de g valent 1. On peut alors faire correspondre à f et g des mesures de probabilité notées respectivement μ et ν.

Montrons que l'intégrale de h vaut au moins 1. Pour ce faire, désignons par ρ la mesure de densité uniforme sur $[0,1]^n$. Comme $I[\rho\otimes\mu]$ et $I[\rho\otimes\nu]$ sont clairement finis, il existe des fonctions convexes non triviales semi-continues inférieurement ψ_1 et ψ_2 telles que μ et ν soient mesures images de ρ par $\nabla\psi_1$ et$\nabla\psi_2$ respectivement. Alors, si $\psi=(1-\lambda)\psi_1+\lambda\psi_2$, nous avons

$$\int_{\mathbb{R}^n} h(x)dx \geq \int_{[0,1]^n} h(\nabla\psi(x))\det(\nabla_A^2\psi(x))dx$$

$$\geq \int_{[0,1]^n} h((1-\lambda)\nabla\psi_1(x)+\lambda\nabla\psi_2(x))(\det(\nabla_A^2\psi_1(x)))^{1-\lambda}(\det(\nabla_A^2\psi_2(x)))^{\lambda}dx$$

$$\geq \int_{[0,1]^n} f(\nabla\psi_1(x))^{1-\lambda}g(\nabla\psi_2(x))^{\lambda}(\det(\nabla_A^2\psi_1(x)))^{1-\lambda}(\det(\nabla_A^2\psi_2(x)))^{\lambda}dx$$

où la première inégalité correspond à une formule de changement de variables, la deuxième résulte du Lemme 4.4.2 et la troisième de l'hypothèse, faite dans l'énoncé, sur h. L'assertion en résulte puisque la dernière intégrale vaut 1. En effet, par l'équation de Monge-Ampère (Théorème 4.3.7), pour presque tout x

$$f\left(\nabla \psi_1(x)\right) \det\left(\nabla_A^2 \psi_1(x)\right) = 1,$$
$$g\left(\nabla \psi_2(x)\right) \det\left(\nabla_A^2 \psi_2(x)\right) = 1$$

□

Chapitre 5

Généralisation algébrique

Comme elle nécessite l'introduction des concepts d'aire et de circonférence, l'inégalité isopérimétrique a une origine profondément géométrique. Elle relève également de l'analyse car elle utilise la théorie de l'intégration sur des espaces soit euclidiens, soit riemanniens. Il faudra donc étendre ces structures aux objets algébriques de façon à y démontrer une inégalité isopérimétrique. On s'intéresse ici aux groupes infinis finiment engendrés et aux graphes. Les résultats prouvés permettront d'aboutir à un algorithme de réduction des mots, l'algorithme de Dehn.

5.1 Approche géométrique des groupes

Les structures géométriques minimales nécessaires dans notre cas sont celles de l'aire et du bord parce que l'inégalité isopérimétrique utilise précisément ces deux objets. Après les avoir définis, nous rappelons le concept du graphe de Cayley, outil indispensable pour traiter notre problème.

Finalement on définit séparément le gradient dit « discret » d'une fonction sur l'objet discret. C'est un outil utilisé pour montrer le théorème principal de l'inégalité isopérimétrique algébrique et il possède une signification forte.

5.1.1 Graphe de Cayley

Pour représenter un groupe avec un ensemble fini de générateurs, on peut imaginer un graphe dont tous les sommets sont tous les éléments du groupe et dont une arête relie deux éléments séparés par une différence de générateur. Par exemple, pour le groupe $\mathbb{Z}^2$ avec l'opérateur additif, il se visualise à l'aide du plan cartésien. Et on voit en même temps que ce graphe le discrétise sous la forme d'une maille. Ce dernier point a une importance parce qu'il justifie intuitivement l'approche géométrique sur le groupe.

Mais il s'avère que cela ne suffit pas, surtout pour un groupe non-abélien ; par exemple, comment interpréter une multiplication comportant plusieurs générateurs et/ou leurs inverses ? La solution simple est qu'on adapte la direction ; la multiplication par l'inverse d'un générateur fait remonter l'élément en sens inverse. D'où la définition suivante qui permet de visualiser complètement un groupe :

Définition 5.1.1 (graphe de Cayley)**.** Le *graphe de Cayley* d'un groupe finiment engendré est un graphe orienté dont les sommets comprennent tous les éléments du groupe et tel que les deux éléments a et b du groupes sont reliés si et seulement s'il y a un générateur g tel que

$$a = bg.$$

Chaque arête est marquée par le générateur utilisé.

Pour compléter l'explication de l'exemple des graphes, nous avons besoin de la définition ci-dessous :

Définition 5.1.2. Un *groupe libre finiment engendré* est un groupe avec un nombre fini de générateurs pour lequel il n'y a aucune règle de simplification pour les opérations.

Tout élément de ce groupe admet une écriture unique et donc deux expressions différentes ne peuvent pas se réduire au même élément. Sur son graphe de Cayley, les arêtes éloignées du centre sont de plus en plus courtes pour que deux sommets différents ne se touchent jamais.

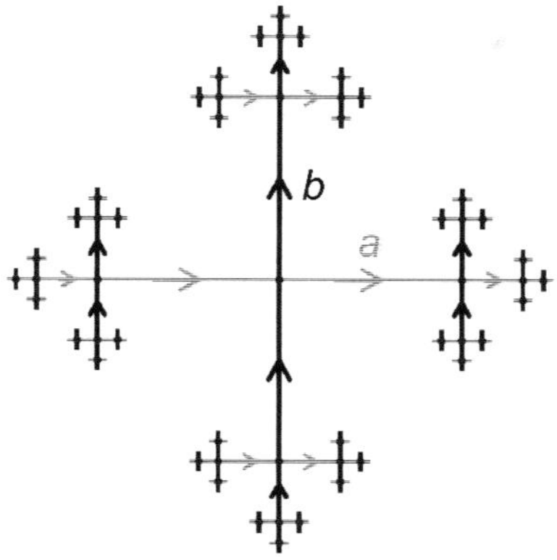

FIGURE 5.1 – Le graphe de Cayley du groupe libre avec deux générateurs

5.1.2 Mesures géométriques

On considère ici que chaque point correspondant à un élément du groupe occupe une unité d'aire. Ainsi le bord comprend tous les points voisins de l'extérieur.

Ces définitions peuvent être justifiées ; on voit d'après le graphe de Cayley que chaque point représente un quartier autour de lui avec une régularité. De plus, chaque point joue le même rôle du point de vue de l'aire. Donc il est naturel de considérer que chaque point occupe une unité d'espace.

Et pour le bord, il occupe aussi un espace, contrairement à la géométrie euclidienne où l'aire du bord est toujours nulle. Mais quand l'ensemble lui-même s'agrandit, on trouve qu'en général la croissance de l'aire du bord est négligeable. En plus cette aire représente bien la longueur du bord.

Leur formulation mathématique est la suivante :

Définition 5.1.3. L'*aire* d'un sous-ensemble fini D d'un groupe G est son cardinal.

Son *bord* est un sous-ensemble ∂D défini par

$$\partial D := \{g \in D \ : \exists\ h \text{ générateur ou inverse de générateur, } gh \notin D\}.$$

Pour la démonstration du théorème pricipal, on définit ensuite certains concepts de la géométrie sur le groupe : la distance entre deux éléments, la boule et la fonction de croissance de volume.

Définition 5.1.4. La *distance* entre les deux éléments a et b est définie de façon naturelle, par le nombre minimal de multiplications par des générateurs ou leurs inverses qui les relient

$$d(a,b) := \min\{n \in \mathbb{N} \ : \ a = bg_{i_1}^{\pm 1} ... g_{i_n}^{\pm 1}\}.$$

Cette distance est bien définie en utilisant l'égalité $a = b(b^{-1}a)$ (d'où l'on déduit que l'ensemble ci-dessus est une partie non vide de $\mathbb{N}$ donc admet bien un minimum par le principe du bon ordre). De plus, elle est conforme aux critères de la métrique.

La *boule* $B(a,r)$ de centre a et de rayon $r \in \mathbb{N}$ est définie par

$$B(a,r) := \{b \in G \ : \ d(a,b) \leq r\}.$$

$B(n)$ désignera $B(e,n)$.

Enfin la fonction $V(r)$ de croissance de volume est définie par

$$V(r) := |B(e,r)|.$$

On note déjà un phénomène étonnant : *la fonction de croissance de volume varie fortement d'un groupe à l'autre.* Par exemple, la fonction $V(r)$ pour le groupe $\mathbb{Z}^2$ est $O(r^2)$ et donc de croissance polynomiale, contrairement à celle du groupe libre avec deux générateurs qui est entre $O(2^r)$ et $O(3^r)$, c'est-à-dire, de croissance exponentielle.

Le cas du groupe libre nous ramène à une autre géométrie de croissance de volume exponentielle, précisément à la géométrie *hyperbolique.* C'est dans les années 1980 que Mikaïl Gromov a lancé son idée du *groupe hyperbolique* [10]. Cette notion dépasse notre sujet et nous nous contentons de la voir empiriquement par la comparaison ci-dessous.

Selon [7], il y a une autre possibilité de vitesse de croissance de volume dite « intermédiaire », i.e.

$$C_1 e^{c_1 r^\alpha} \leq V(r) \leq C_2 e^{c_2 r^\beta}, \ 0 < \alpha \leq \beta < 1,$$

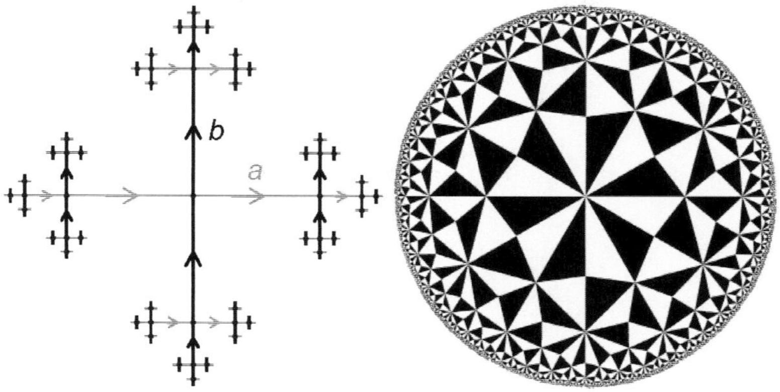

FIGURE 5.2 – Le graphe de Cayley du groupe libre avec deux générateurs et le disque de Poincaré qui représente la géométrie hyperbolique

pour certains groupes infinis finiment engendrés.

Finalement définissons une fonction inverse de V :

Définition 5.1.5.

$$\phi(\lambda) = \inf\{n \in \mathbb{N}^* \ : \ V(n) > \lambda\}.$$

Cette fonction va intervenir dans l'inégalité isopérimétrique pour exprimer l'influence de la croissance de volume.

5.1.3 Gradient discret

Dans un sens large, le gradient dans un espace vectoriel est une dérivée dite de Fresnel. De même, un gradient discret n'est qu'un opérateur différentiel pour les fonctions définies sur un domaine discret. Du fait du caractère discret du problème, il est juste une sorte d'opérateur de différence. Le choix final de cet opérateur est subtilement différent suivant l'objectif. On utilisera ici la définition suivante [7] :

Définition 5.1.6. Le *gradient (discret)* d'une fonction f définie sur le groupe G finiment engendré par $\{g_i\}$ $(i = 1...k)$ est l'application

$$a \longmapsto \nabla f(a) := \sum_{i=1}^{k} |f(a) - f(ag_i^{\pm 1})|.$$

Remarque. On note que pour la fonction caractéristique $1_D : G \to \{0, 1\}$ définie par

$$1_D(a) = 1 \ (a \in D), \ = 0 \ (\text{sinon})$$

le gradient joue le rôle de détecteur de bord, c'est-à-dire,

$$\nabla 1_D(x) \neq 0 \ (x \in \partial D \cup \partial(D^c)), \ = 0 \ (\text{sinon}).$$

Plus précisément, en considérant que la norme du gradient a un caractère symétrique

$$\|\nabla f\|_1 = \sum_{\substack{x = yg^{\pm 1} \\ g \text{ générateur}}} |f(x) - f(y)|,$$

on a une inégalité précise

$$2|\partial D| \leq \|\nabla 1_D\| \leq 4k|\partial D|.$$

En effet, nous avons

$$\begin{aligned} \|\nabla 1_D\| &= \sum_{x \in \partial D, y \in \partial(D^c)} |1_D(x) - 1_{D^c}(y)| + \sum_{y \in \partial D, c \in \partial(D^c)} |1_D(x) - 1_{D^c}(y)| \\ &= 2 \sum_{x \in \partial D} |y \in D^c : x = yg^{\pm 1}, g \text{ générateur}| \end{aligned}$$

et sachant que chaque élément du bord admet au moins un voisin et au plus $2k$ voisins à l'extérieur, on a le résultat voulu.

5.2 Inégalité isopérimétrique sur les groupes

Le résultat de cette section est tiré de [7] : il s'agit d'une forme d'inégalité isopérimétrique liée à la croissance du volume.

D'abord remarquons que la norme L^1 des fonctions (discrètes) sur le groupe G n'est que

$$\|f\|_1 = \sum_{x \in G} |f(x)|,$$

où les fonctions sont à support fini donc dans L^1.

Définition 5.2.1. Soit f une fonction à support fini donnée. On définit alors une fonction auxiliaire de moyennage

$$f_n(x) = \frac{1}{V(n)} \sum_{y \in B(n)} f(xy).$$

Maintenant on énonce un lemme crucial pour la démonstration du théorème principal. Il s'agit d'un type d'inégalité de Poincaré-Wirtinger (cf. [1]), vu qu'on majore la différence entre une fonction et sa fonction auxiliaire de moyennage par son gradient à une constante-près qui dépend du domaine.

Lemme 5.2.2. *Pour toute fonction à support fini sur G, on a*

$$\|f - f_n\|_1 \leq n \|\nabla f\|_1.$$

Démonstration. Il est clair que

$$|f(a) - f(ag)| \leq |\nabla f(x)| \text{ pour tout } a \in G,$$

où g est, soit un générateur, soit son inverse, d'après les définitions. Alors on a, en sommant selon $a \in G$,

$$\|f - f(\cdot g)\|_1 \leq \|\nabla f\|_1$$

et par l'inégalité triangulaire, pour $y \in B(n)$

$$\|f - f(\cdot y)\|_1 \leq n \|\nabla f\|_1.$$

On en déduit l'inégalité par un calcul simple

$$\begin{aligned}
\|f - f_n\|_1 &= \sum_{x\in G} |f(x) - f_n(x)| \\
&= \sum_{x\in G} \left| f(x) - \frac{1}{V(n)} \sum_{y\in B(n)} f(xy) \right| \\
&\leq \frac{1}{V(n)} \sum_{x\in G} \sum_{y\in B(n)} |f(x) - f(xy)| \\
&= \frac{1}{V(n)} \sum_{y\in B(n)} \sum_{x\in G} |f(x) - f(xy)| \\
&\leq \frac{1}{V(n)} \sum_{y\in B(n)} \|f - f(\cdot y)\|_1 \\
&\leq \frac{1}{|B(n)|} \sum_{y\in B(n)} n\|\nabla f\|_1 \\
&= n\|\nabla f\|_1.
\end{aligned}$$

□

Et finalement

Théorème 5.2.3 (cf. Lemme 5.4.3). *Pour tout $\lambda > 0$ et toute fonction f à support fini sur G,*

$$\frac{|\{|f| \geq \lambda\}|}{\phi(\frac{2}{\lambda}\|f\|_1)} \leq \frac{2}{\lambda}\|\nabla f\|_1.$$

En appliquant ce théorème à la fonction 1_D et $\lambda = 1$, on obtient tout de suite le résultat suivant :

Corollaire 5.2.4 (Inégalité isopérimétrique). *Tout sous-ensemble D du groupe satisfait l'inégalité*

$$\frac{|D|}{\phi(2|D|)} \leq 8k|\partial D|.$$

où k est le nombre de générateurs du groupe.

Démonstration du théorème. On a une relation justifiée par l'inégalité triangulaire qui est

$$|f| \geq \lambda \;\Rightarrow\; |f_n| \geq \frac{\lambda}{2} \text{ ou } |f - f_n| \geq \frac{\lambda}{2},$$

qui est équivalente à

$$\{|f| \geq \lambda\} \subseteq \{|f - f_n| \geq \frac{\lambda}{2}\} \cup \{|f_n| \geq \frac{\lambda}{2}\},$$

et enfin on en déduit, par l'additivité de la mesure,

$$|\{|f| \geq \lambda\}| \leq |\{|f - f_n| \geq \frac{\lambda}{2}\}| + |\{|f_n| \geq \frac{\lambda}{2}\}|.$$

On remarque aussi que

$$\begin{aligned}
\|f_n\|_\infty &:= \sup_{x\in G} |f_n(x)| \\
&\leq \frac{1}{V(n)} \sup_{x\in G} \sum_{y\in B(n)} |f(xy)| \\
&\leq \frac{1}{V(n)} \sup_{x\in G} \sum_{y\in G} |f(xy)| \\
&= \frac{1}{V(n)} \sup_{x\in G} \|f\|_1 = \frac{1}{V(n)} \|f\|_1.
\end{aligned}$$

Si on prend $n_0 = \phi(\frac{2}{\lambda}\|f\|_1)$, on a $V(n_0) > \frac{2}{\lambda}\|f\|_1$, d'où

$$\|f_{n_0}\|_\infty := \sup_{x\in G} |f_{n_0}(x)| < \frac{\lambda}{2}.$$

Donc on a $|\{|f_{n_0}| \geq \frac{\lambda}{2}\}| = 0$ et l'inégalité initiale devient

$$|\{|f| \geq \lambda\}| \leq |\{|f - f_{n_0}| \geq \frac{\lambda}{2}\}| = |\{|\frac{2}{\lambda}(f - f_{n_0})| \geq 1\}| \leq \|\frac{2}{\lambda}(f - f_{n_0})\|_1.$$

On applique alors le lemme 5.2.2 pour obtenir le résultat souhaité. □

5.3 Application à la réduction des mots

Un des bons modèles pour représenter le groupe finiment engendré est celui à base de mots ; un élément du groupe exprimé par les générateurs ou leurs inverses est considéré comme un *mot*. Par exemple, avec trois générateurs a, b et c, on pourra créer un nombre infini de mots, par exemple abc, $abccb$, $a^{-1}bbab^{-1}$, ... Évidemment on réduit une répétition simple du même générateur à sa puissance :

Définition 5.3.1. Un *mot réduit à la manière du groupe libre* est une expression d'un élément du groupe par les générateurs et leurs inverses de façon suivante :

$$W = g_{i_1}^{n_1} \cdots g_{i_j}^{n_j}$$

où tous les éléments g_i sont générateurs, les g_i adjacents sont différents l'un à l'autre et les n sont entiers. Sa *longueur* est calculée par

$$|W| = \sum_{l=1}^{j} |n_l|.$$

Si le groupe considéré est libre, chaque mot réduit à la manière du groupe libre représente forcément un unique élément du groupe parce qu'il n'y a aucune règle pour identifier deux expressions différentes. Sinon on a forcément des possibilités d'avoir plusieurs expressions différentes pour un élément du groupe. Le cas le plus facile serait celui de $\mathbb{Z}^2$; on a la règle suivante :

$$(1, 0) \cdot (0, 1) = (0, 1) \cdot (1, 0)$$

c'est-à-dire, la commutativité des deux générateurs.

Alors comment appliquer ces règles fournies pour trouver un autre mot vraiment réduit, qui a une expression réduite à la manière du groupe libre avec une longueur plus courte que le mot original ? Pour l'homme, cela peut être intuitif dans le cas du groupe abélien par exemple. Mais s'il s'agit d'un groupe assez général et qu'il faut faire appel à l'outil informatique, ce n'est plus évident. Un algorithme qui s'appelle *l'algorithme de Dehn*[14] explique une façon mécanique et répétitive de le résoudre :

1. On a un mot réduit à la manière du groupe libre W_0 à traiter et toutes les règles du groupe sont données.
2. On cherche un sous-mot V_1 telle qu'une règle s'exprime comme $V_1V_2 = e$ avec $|V_1| > |V_2|$. S'il en existe un, on le remplace par V_2^{-1} qui réduit forcément la longueur de W_0.
3. On répète ce processus jusqu'au moment où W_0 devient un mot vide (qui est par définition l'élément neutre e). S'il n'y a plus de règle applicable de la façon ci-dessus, l'algorithme termine et on a échoué.

Comme toutes les règles peuvent s'écrire de manière $W = g_{i_1}^{n_1}...g_{i_j}^{n_j} = e$, on peut extraire tous les sous-mots de longueur supérieure à $\frac{|W|}{2}$ qui conviendront soit comme V_1 soit comme V_1^{-1}. Donc a priori, on pourrait trouver un mot réduit qui est équivalent au mot initial W_0 et dont la longueur se minimise.

Mais cette approche rencontre certaines difficultés.

- D'abord c'est un algorithme non déterministe.
- Ensuite cette solution peut être non optimale. Par exemple, dans le cas de $\mathbb{Z}^2$, on a

$$2(1,0) + 2(0,1) - 2(1,0) - 2(0,1) = (0,0)$$

  mais cela se réduit pas par l'algorithme de Dehn puisque l'application de la règle pour la première fois ne réduit jamais sa longueur. Aussi il y aurait d'autres méthodes plus adaptées au cas par cas pour chaque groupe.

Mais ici on s'intéresse seulement au coût de son calcul. D'abord notons que le problème de déterminer l'égalité $W_1 = W_2$ de deux mots se ramène à l'égalité $W_1W_2^{-1} = e$. Donc il suffit de savoir déterminer si un mot se réduit au mot vide ou non. Donc l'algorithme de Dehn est applicable. Puis on remarque que chaque application de règle occupe une unité d'aire dans un certain sens ; en considérant qu'une règle est aussi importante qu'une autre, on réduit par une application de règle une certaine longueur et une unité d'aire qui était entourée par elle.

Donc si on réussit à réduire un mot au mot vide par l'algorithme de Dehn, on a fait un « pavage » de l'aire qui est entourée par le mot original qui forme exactement son bord puisqu'il est réduit au mot vide. Comme la longueur du bord est ainsi fixée, l'inégalité isopérimétrique nous permet d'estimer le nombre maximal d'opérations nécessaires. Donc si l'application de l'algorithme de Dehn dépasse un certain nombre d'opérations estimé par l'inégalité, on juge que cet algorithme ne peut pas se finir. Et elle montre également que le nombre maximal dépend fortement de la structure du groupe.

5.4 Application à la théorie des graphes

Nous allons nous efforcer, en réutilisant des outils introduits dans les sections précédentes, de montrer une inégalité isopérimétrique appliquée aux graphes. L'étude conduite sur les groupes laisse supposer que seuls certains graphes peuvent vérifier une relation de ce type, en particulier leur volume ne doit pas croître trop vite. Nous allons donc, dans un premier temps, nous familiariser avec le concept de volume sur un graphe, puis, dans un second temps nous étudierons les propriétés complémentaires qui permettent d'aboutir à l'inégalité isopérimétrique.

5.4.1 Notations et Hypothèses

X désigne un graphe dénombrable et connexe tel qu'il existe $N \in \mathbb{N}$ tel que tout sommet de X ait au plus N voisins. On définit alors les notations suivantes qui prolongent celles du groupe :

Distance Pour tous x et y appartenant à X, on pose $d(x, y)$ le nombre de pas du plus court chemin joignant x à y.

Relation Si x et y sont voisins, on écrira $x \sim y$.

Aire et bord Pour Ω, un ensemble de sommets de X, on notera $|\Omega|$ le cardinal de Ω et on posera $\partial\Omega = \{x \in \Omega : \exists\, y \in \Omega^c : x \sim y\}$.

Boule Pour $x \in \Omega$ et $n \in \mathbb{N} \setminus \{0\}$, on définit $B(x, n) = \{x \in X : d(x, y) \leq n\}$ et on pose $V(x, n) = |B(x, n)|$.

Croissance de volume Soit V une fonction positive strictement croissante telle que

$$\forall x \in X,\ \forall n \in \mathbb{N}\backslash\{0\},\ V(x,\ n) \geq V(n).$$

On définit ϕ la fonction « réciproque » ϕ de V :

$$\phi : t \mapsto \inf\{n \in \mathbb{N} \setminus \{0\},\ V(n) \geq t\}.$$

Gradient discret Soit f une fonction à support fini sur X, on va définir le gradient de f par

$$\nabla f : x \mapsto \sum_{y \in X,\, y \sim x} |f(x) - f(y)|.$$

Fonction de moyennage On note $f_n(x)$ la moyenne de f sur $B(x, n)$:

$$f_n : x \mapsto \frac{\sum_{y \in B(x,n)} f(y)}{V(x, n)}.$$

Définissons maintenant des propriétés utiles pour amener les graphes à vérifier l'inégalité isopérimétrique.

Propriété (P0) X vérifie la *propriété (P0)* s'il existe un réel positif K_1 tel que

$$\forall f \text{ de support fini},\ \forall n \in \mathbb{N} \setminus \{0\},\ \|f - f_n\| \leq K_1 \cdot n \cdot \|\nabla f\|_1.$$

Doublement de volume X vérifie la *propriété du doublement de volume* s'il existe un réel positif K_2 tel que

$$\forall x \in X,\ \forall n \in \mathbb{N} \setminus \{0\},\ \frac{V(x, 2 \cdot n)}{V(x, n)} \leq K_2.$$

Propriété (P1) X vérifie la *propriété (P1)* si et seulement s'il existe un réel positif C tel que

$$\forall x \in X,\ \forall n \in \mathbb{N} \setminus \{0\},\ \sum_{y \in B(x,\, n)} |f(y) - f_n(x)| \leq C\, n \sum_{y \in B(x,\, 2n)} |\nabla f(y)|.$$

Introduisons encore quelques notations :

- Si A est une arête orientée du graphe X, on notera A^- son extrémité de départ et A^+ son extrémité d'arrivée. On écrira $A \tilde{\in} \Omega$ si $A^- \in \Omega$ et $A^+ \in \Omega$ et on notera $\mathcal{A}_X$ l'ensemble des arêtes du graphe X. On utilisera la notation $A \breve{\in} \gamma$ si le chemin γ parcourt l'arête A.
- On définit

$$\Gamma_{x,\,n} = \{\gamma_{y,\,z} : y, z \in B(x,\,n)\}$$

où $\gamma_{y,\,z}$ désigne un chemin sur le graphe X reliant y et z en $d(y,\,z)$ étapes ainsi que

$$\Gamma'_{x,\,n} = \{\gamma_{x,\,y} : y \in B(x,n)\}.$$

On appellera $\mathcal{E}$ l'ensemble des arêtes orientées de X.

- On pose

$$\kappa(x,n) = \frac{\max_{A \tilde{\in} B(x,\,2\cdot n)} |\{\gamma \in \Gamma_{x,\,n} : A \breve{\in} \gamma\}|}{V(x,n)}.$$

- On définit

$$\psi : n \mapsto \max_{A \in \mathcal{A}_X} \sum_{x \in X} \frac{|\{\gamma \in \Gamma'_{x,\,n} : A \breve{\in} \gamma\}|}{V(x,n)}.$$

5.4.2 Propriétés remarquables

Nous allons procéder par implications successives. Après avoir montré que si le graphe X vérifie (P1) et la propriété de doublement de volume, alors X vérifie (P0), nous prouverons que (P0) conduit à l'inégalité isopérimétrique.

Proposition 5.4.1. *L'inégalité suivante est vérifiée*

$$|\partial\Omega| \leq \frac{1}{2} \cdot \|\nabla 1_\Omega\|_1 \leq N\,|\partial\Omega|.$$

Démonstration. On a

$$\begin{aligned}
\|\nabla 1_\Omega\|_1 &= \sum_{x\in X}\sum_{y\in X,\, y\sim x} |1_\Omega(x) - 1_\Omega(y)| \\
&\geq \sum_{x\in\partial\Omega\cup\Omega^c}\sum_{y\in X,\, y\sim x} |1_\Omega(x) - 1_\Omega(y)| \\
&= \sum_{x\in X\partial\Omega}\sum_{y\in X,\, y\sim x} |1_\Omega(x) - 1_\Omega(y)| + \sum_{x\in\Omega^c}\sum_{y\in X,\, y\sim x} |1_\Omega(x) - 1_\Omega(y)| \\
&\geq |\partial\Omega| + \sum_{y\in X}\sum_{x\in\Omega^c,\, y\sim x} |1_\Omega(x) - 1_\Omega(y)| \geq 2\cdot|\partial\Omega|,
\end{aligned}$$

ce qui montre l'inégalité de gauche. Pour celle de droite, on a

$$\begin{aligned}
\|\nabla 1_\Omega\|_1 &= \sum_{x\in X}\sum_{y\in X,\, y\sim x} |1_\Omega(x) - 1_\Omega(y)| \\
&= \sum_{x\in\partial\Omega}\sum_{y\in\Omega^c,\, y\sim x} |1_\Omega(x) - 1_\Omega(y)| + \sum_{x\in\Omega^c}\sum_{y\in\partial\Omega,\, y\sim x} |1_\Omega(x) - 1_\Omega(y)| \\
&= 2\cdot\sum_{x\in\partial\Omega}\sum_{y\in\Omega^c,\, y\sim x} |1_\Omega(x) - 1_\Omega(y)| \leq 2\cdot N\cdot|\partial\Omega|
\end{aligned}$$

□

Lemme 5.4.2. *Si X vérifie (P1) et la propriété de doublement du volume, alors X vérifie (P0).*

Démonstration. Fixons $n \in \mathbb{N}\backslash\{0\}$. On considère dans X une famille maximale $(x_i)_{i\in I}$ de points à distance mutuelle supérieure ou égale à n. On définit

$$I_n(x) = \{i \in I : x \in B(x_i, 2\cdot n)\}.$$

La propriété de doublement du volume induit que $\{I_n(x) : x \in X\}$ est borné par K_2^5 où K_2 désigne la constante de doublement du volume.

En effet, on a

$$V(x,\, 4\cdot n) \geq \sum_{I_n(x)} V\left(x_i,\, \mathbb{E}\left(\frac{n}{2}\right)\right) \geq K_2^{-5}\sum_{I_n(x)} V\left(x_i,\, 32\cdot\mathbb{E}\left(\frac{n}{2}\right)\right).$$

En appliquant 5 fois consécutivement la propriété de doublement de volume, on la majore

$$V(x,\, 4\cdot n) \geq K_2^{-5} \sum_{I_n(x)} V\left(x_i,\, 8\cdot n\right) \geq K_2^{-5}\, |I_n(x)| \cdot V(x,\, 4\cdot n).$$

En particulier, $|I_n(x)|$ est fini et majoré par K_2^5.

En posant de même $I_{2\cdot n}(x) = \{i \in I / x \in B(x_i,\, 4\cdot n)$, on montre que $|I_{2\cdot n}(x)|$ est fini et majoré par K_2^6. On a alors

$$\begin{aligned}
\|f - f_n\|_1 &\leq \sum_{i\in I} \sum_{x\in B(x_i,\, n)} |f(x) - f_n(x)| \\
&\leq \sum_{i\in I} \sum_{x\in B(x_i,\, n)} |f(x) - f_n(x_i)| && (5.1)\\
&\quad + \sum_{i\in I} \sum_{x\in B(x_i,\, n)} |f_n(x_i) - f_{2\cdot n}(x_i)| && (5.2)\\
&\quad + \sum_{i\in I} \sum_{x\in B(x_i,\, n)} |f_{2\cdot n}(x_i) - f_n(x)| && (5.3)
\end{aligned}$$

D'après la propriété (P1), on a pour les trois parties de l'inégalité :

$$\begin{aligned}
(5.1) &\leq C\cdot n\cdot \sum_{i\in I} \sum_{x\in B(x_i,\, 2\cdot n)} |\nabla f(x)| \leq C\cdot n\cdot K_2^5 \cdot \|\nabla f\|_1,\\
(5.2) &= \sum_{i\in I} \sum_{x\in B(x_i,\, n)} |f_n(x_i) - f_{2\cdot n}(x_i)|\\
&= \sum_{i\in I} V(x_i,\, n)\cdot |f_n(x_i) - f_{2\cdot n}(x_i)|\\
&\leq \sum_{i\in I} \sum_{y\in B(x_i,\, n)} |f(y) - f_{2\cdot n}(x_i)|,
\end{aligned}$$

$$\begin{aligned}(5.2) &\le \sum_{i\in I} \sum_{y\in B(x_i,\, 2\cdot n)} |f(y) - f_{2\cdot n}(x_i)| \\ &\le \sum_{i\in I} 2\cdot C\cdot n \sum_{x\in B(x_i,\, 4\cdot n)} |\nabla f(x)| \\ &\le 2\cdot K_2^6\cdot C\cdot n\cdot \|\nabla f\|_1,\end{aligned}$$

$$\begin{aligned}(5.3) &= \sum_{i\in I} \sum_{x\in B(x_i,\, n)} |f_{2\cdot n}(x_i) - f_n(x)| \\ &\le \sum_{i\in I} \sum_{x\in B(x_i,\, n)} \frac{1}{V(x,n)}\cdot \sum_{y\in B(x,\, n)} |f(y) - f_{2\cdot n}(x_i)| \\ &\le \sum_{i\in I} \sum_{x\in B(x_i,\, n)} \left(\frac{1}{V(x,n)}\cdot \sum_{y\in B(x_i,\, 2\cdot n)} |f(y) - f_{2\cdot n}(x_i)| \right) \qquad (*) \\ &= \sum_{i\in I} \left(\sum_{x\in B(x_i,\, n)} \frac{1}{V(x,n)} \right)\cdot \left(\sum_{y\in B(x_i,\, 2\cdot n)} |f(y) - f_{2\cdot n}(x_i)| \right)\end{aligned}$$

où les inégalités (*) se déduisent de $x \in B(x_i,\, n) \Rightarrow B(x,\, n) \subset B(x_i,\, 2\cdot n)$.

$$\begin{aligned}(5.3) &\le \sum_{i\in I} K_2\cdot \left(\sum_{y\in B(x_i,\, 2\cdot n)} |f(y) - f_{2\cdot n}(x_i)| \right) \qquad (*) \\ &\le \sum_{i\in I} K_2 \sum_{y\in B(x_i,\, 2\cdot n)} |f(y) - f_{2\cdot n}(x_i)| \\ &\le 2\cdot K_2\cdot K_2^5\cdot C\cdot n\cdot \|\nabla f\|_1.\end{aligned}$$

On pose $K_1 = C\cdot K_2^5 + 2\cdot K_2^6\cdot C + 2\cdot K_2^6\cdot C$ et on obtient finalement :

$$\|f - f_n\|_1 \le K_1\cdot n\cdot \|\nabla f\|_1$$

avec K_1 indépendant de n, ce qui est le résultat demandé. □

Nous avons aussi le résultat suivant qui est une forme faible de l'inégalité isopérimétrique en ce sens que (P0) est peu maniable :

Lemme 5.4.3. *Si X vérifie (P0), alors il existe $K > 0$ tel que pour tout $\Omega \subset X$*

$$\frac{|\Omega|}{\phi(K \cdot |\Omega|)} \leq K \cdot |\partial\Omega|.$$

Démonstration. Soit $\lambda > 0$, $n \in \mathbb{N}\backslash\{0\}$, f à support fini sur X. On a

$$|\{|f| \geq \lambda\}| \leq \left|\{|f - f_n| \geq \frac{\lambda}{2}\}\right| + \left|\{|f_n| \geq \frac{\lambda}{2}\}\right|.$$

On remarque alors que, pour tout $x \in X$,

$$|f_n(x)| \leq \frac{||f||_1}{V(x,n)} \leq \frac{||f||_1}{V(n)}.$$

Cela entraîne

$$||f_n||_\infty \leq \frac{||f||_1}{V(n)}$$

et donc pour $n = \phi(\frac{2}{\lambda}||f||_1)$, on a $\{|f_n| \geq \frac{\lambda}{2}\} = \emptyset$ et on en déduit que

$$|\{|f| \geq \lambda\}| \leq \left|\{|f - f_{\phi(\frac{2}{\lambda}||f||_1)}| \geq \frac{\lambda}{2}\}\right|.$$

Or on sait que, comme X vérifie *(P0)*,

$$\left|\{|f - f_n| \geq \frac{\lambda}{2}\}\right| \leq \frac{2}{\lambda}||f - f_n||_1 \leq \frac{2 \cdot K_1 \cdot n}{\lambda}||\nabla f||_1,$$

d'où l'on tire que

$$|\{|f| \geq \lambda\}| \leq \frac{2 \cdot K_1}{\lambda} \cdot \phi\left(\frac{2}{\lambda}||f||_1\right) \cdot ||\nabla f||_1.$$

On applique alors ce résultat à $f = 1_\Omega$ et à $\lambda = 1$. On obtient, en faisant appel à la proposition 5.4.1

$$|\Omega| \leq 2 \cdot K_1 \cdot \phi(2 \cdot ||f||_1) \cdot 2 \cdot N \cdot |\partial\Omega|.$$

Comme la fonction ϕ est croissante, en posant $K = max(4 \cdot N \cdot K_1,\ 2)$, on trouve finalement

$$\frac{|\Omega|}{\phi(K \cdot |\Omega|)} \leq K \cdot |\partial\Omega|.$$

□

Corollaire 5.4.4 (inégalité isopérimétrique sur les graphes). *Si X vérifie (P1) et la propriété de doublement du volume, alors il existe une constante $K > 0$ telle que pour tout $\Omega \subset X$*

$$\frac{|\Omega|}{\phi(K \cdot \Omega)} \leq K \cdot |\partial\Omega|.$$

Nous allons fournir une variante où l'on va abandonner la propriété de doublement du volume au prix de devoir remplacer (P1) par une propriété plus forte (Théorème 5.4.6). D'abord, remarquons que

Proposition 5.4.5. *S'il existe une constante $k > 0$ telle que pour tout $x \in X$*

$$\kappa(x, n) \leq k \cdot n \text{ pour tout } n \in \mathbb{N}^*,$$

alors on vérifie la condition (P1).

Démonstration. Soient $x \in X$ et $n \in \mathbb{N} \setminus \{0\}$. D'après l'inégalité triangulaire, on a

$$\forall y,\ z \in B(x, n),\ |f(y) - f(z)| \leq \sum_{A \breve{\in} \gamma_{y,\ z}} |f(A^+) - f(A^-)|.$$

On en déduit par sommation que

$$\sum_{y,\ z \in B(x,n)} |f(y) - f(z)| \leq \sum_{y,\ z \in B(x,n)} \sum_{A \breve{\in} \gamma_{y,\ z}} |f(A^+) - f(A^-)|.$$

On remarque alors d'une part que

$$\sum_{y,\ z \in B(x,n)} \sum_{A \breve{\in} \gamma_{y,\ z}} |f(A^+) - f(A^-)|$$

$$\leq \sum_{A\breve{\in}B(x,2\cdot n)} \{\gamma \in \Gamma_{x,\,n},\ A\breve{\in}\gamma\}|f(A^+) - f(A^-)|.$$

On somme sur la boule de centre x de rayon $2n$ à droite car si un chemin optimal $\gamma_{y,\,z}$ peut sortir de $B(x,n)$, comme y et z appartiennent à $B(x,n)$, il est nécessairement inclus dans $B(x,2n)$.

D'autre part, nous avons

$$V(x,\,n)\cdot \sum_{y\in B(x,\,n)} |f(y) - f_n(x)| = \sum_{y\in B(x,\,n)}\ \sum_{z\in B(x,\,n)} |f(y) - f(z)|.$$

On en tire que

$$V(x,n)\cdot \sum_{y\in B(x,\,n)} |f(y)-f_n(x)| \leq \sum_{A\breve{\in}B(x,2\cdot n)} \{\gamma \in \Gamma_{x,\,n}, A\breve{\in}\gamma\}|f(A^+)-f(A^-)|.$$

Il vient alors immédiatement que

$$\begin{aligned} &V(x,\,n)\cdot \sum_{y\in B(x,\,n)} |f(y) - f_n(x)| \\ &\leq \max_{A\breve{\in}B(x,\,2\cdot n)} |\{\gamma \in \Gamma_{x,n} : A\breve{\in}\gamma\}| \sum_{A\breve{\in}B(x,2\cdot n)} |f(A^+) - f(A^-)| \\ &\leq \max_{A\breve{\in}B(x,\,2\cdot n)} |\{\gamma \in \Gamma_{x,n} : A\breve{\in}\gamma\}| \sum_{y\in B(x,\,2\cdot n)} |\nabla f(y)|. \end{aligned}$$

On obtient enfin

$$\sum_{y\in B(x,\,n)} |f(y) - f_n(x)| \leq \kappa(x,n) \sum_{y\in B(x,\,2\cdot n)} |\nabla f(y)|.$$

On injecte alors dans cette équation l'hypothèse initiale : $\kappa(x,n) \leq k\cdot n$ et on obtient

$$\sum_{y\in B(x,\,n)} |f(y) - f_n(x)| \leq k\,n \sum_{y\in B(x,\,2n)} |\nabla f(y)|,$$

c'est-à-dire la propriété *(P1)*. □

Théorème 5.4.6 (Inégalité isopérimétrique sur les graphes-variante). *S'il y a une constante $k > 0$ telle que $\psi(n) \leq k \cdot n$, alors il existe une constante $K > 0$ telle que*

$$\forall \Omega \subset X, \ \frac{|\Omega|}{\phi(K \cdot \Omega)} \leq K \cdot |\partial\Omega|.$$

Démonstration. Montrons pour cela que X vérifie *(P0)*. Fixons $x \in X$ et $n \in \mathbb{N}\backslash\{0\}$. Alors on a

$$\begin{aligned} |f(x) - f_n(x)| &= \sum_{y \in X} |f(y) - f(x)| \\ &\leq \frac{1}{V(x, n)} \cdot \sum_{\gamma \in \Gamma'_{(x,\, n)}} \sum_{A \check{\in} \gamma} |f(A^+) - f(A^-)|, \end{aligned}$$

donc

$$\begin{aligned} &\sum_{x \in X} |f(x) - f_n(x)| \\ &\leq \sum_{x \in X} \frac{1}{V(x, n)} \cdot \sum_{\gamma \in \Gamma'_{(x,\, n)}} \sum_{A \check{\in} \gamma} |f(A^+) - f(A^-)| \\ &\leq \sum_{A \in \mathcal{E}} \sum_{x \in B(A^+, n)} \frac{1}{V(x, n)} \cdot |\{\gamma \in \Gamma'_{x\, n},\ A \check{\in} \gamma\}| \cdot |f(A^+) - f(A^-)| \\ &\leq \psi(n) \|\nabla f\|_1. \end{aligned}$$

□

Chapitre 6

Généralisation aux variétés

Dans cette dernière partie nous allons généraliser l'étude des inégalités isopérimétriques à des espaces non euclidiens, communément appelés « espaces courbes ». Le cadre naturel pour cela est celui des variétés riemanniennes. Par souci de simplicité nous nous concentrerons sur les variétés de dimension 2 pour lesquelles nous établirons une inégalité isopérimétrique (théorème 4.1.8) généralisant l'inégalité classique $L^2 - 4\pi A \geq 0$ valable pour les domaines du plan.

6.1 Premières définitions

Soit M une variété différentielle de classe $\mathcal{C}^{p+1}$.

Définition 6.1.1. On appelle *métrique riemannienne* g de classe $\mathcal{C}^p$ sur M la donnée pour tout $m \in M$ d'un produit scalaire g_m sur T_mM dépendant de façon $\mathcal{C}^p$ de m, où T_mM désigne l'espace vectoriel tangent à M en m.

Définition 6.1.2. On appelle *variété riemannienne* toute variété différentielle M munie d'une métrique riemannienne g. Une variété riemannienne sera notée (M, g), et sera dite *lisse* si elle est de classe au moins $\mathcal{C}^1$.

6.2 Variétés riemanniennes de dimension 2

Soit (M, g) une variété riemannienne de dimension 2. Nous souhaitons savoir s'il existe sur (M, g) une inégalité isopérimétrique analogue à celle existant dans le plan. Pour répondre à cette question, introduisons d'abord quelques notions.

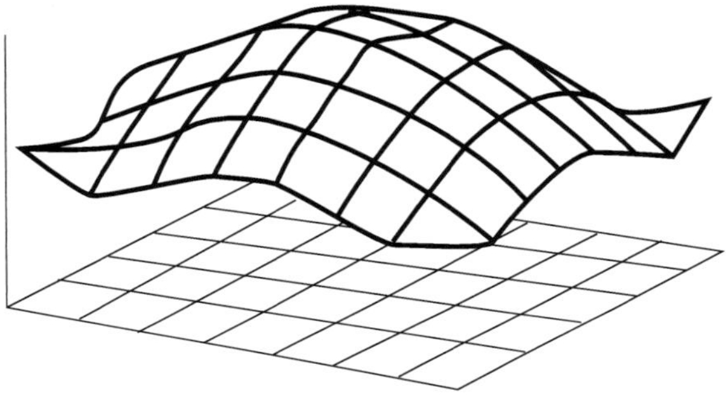

FIGURE 6.1 – Exemple de variété de dimension 2

6.2.1 Généralités

Définition 6.2.1. La *courbure de Gauss* d'une variété riemannienne M est une fonction $K : M \longrightarrow \mathbb{R}$ invariante par isométrie riemannienne, qui mesure le « défaut d'euclidienneté » de la surface M. Pour une vraie définition on se reportera à [4] (cf. p. 429).

Définition 6.2.2. La *caractéristique d'Euler-Poincaré* d'un polyèdre ayant S sommets, A arêtes et F faces est $\chi = S - A + F$. Elle est égale à 2 pour les polyèdres convexes. Pour une définition précise dans le cas général des variétés on se reportera à [4] (cf. p. 154).

Soit Ω une partie de M telle que son adhérence $\overline{\Omega}$ est compacte et sa frontière $\partial\Omega$ est composée d'un nombre fini de courbes rectifiables. On notera A l'aire de Ω et L la longueur de son bord $\partial\Omega$.

Définition 6.2.3. On appelle *courbure intégrale* de Ω la quantité

$$\omega(\Omega) = \int_\Omega K dA.$$

Définition 6.2.4. On appelle *courbure relative positive* de Ω par rapport à $k \in \mathbb{R}$ la quantité

$$\omega_k^+(\Omega) = \int_\Omega (K-k)^+ dA$$

où $x^\pm = \max(0, \pm x)$ pour tout réel x. On définit de façon analogue la *courbure relative négative*. Lorsqu'il n'y a pas d'ambiguité, on note simplement ω_k^+ au lieu de $\omega_k^+(\Omega)$.

Définition 6.2.5. Soit Γ une courbe de classe $\mathcal{C}^1$ sur M. La *courbure géodésique* de Γ en m est la courbure en m de la projection de Γ sur le plan tangent en m à M. On la note k_g.

Par exemple les courbes dont la courbure géodésique est nulle sont les géodésiques de M.

Définition 6.2.6. On note $\tau(\Omega)$ la quantité obtenue en additionnant à $\int_{\partial\Omega} k_g ds$ les angles (extérieurs) formés par les branches de $\partial\Omega$ aux points singuliers.

Nous pouvons alors énoncer le résultat très important suivant, valable sous les hypothèses que l'on a faites plus haut sur Ω et qui nous sera très utile par la suite :

Théorème 6.2.7 (Formule de Gauss-Bonnet)**.** *La courbure intégrale de Ω est liée à τ par la formule suivante :*

$$\int_\Omega K dA = 2\pi\chi - \tau.$$

6.2.2 Inégalité isopérimétrique

Théorème 6.2.8. *Soit M une variété riemannienne de dimension 2 et Ω une partie de M telle que :*

- *son adhérence est un compact de M*
- *sa frontière $\partial\Omega$ est composée d'un nombre fini de courbes rectifiables*

Alors pour tout $k \in \mathbb{R}$ on a l'inégalité

$$L^2 + 2(\omega_k^+ - 2\pi\chi)A + kA^2 \geq 0. \tag{6.1}$$

La preuve de ce résultat est tirée de [5]. Comme les courbures relatives vérifient la relation

$$\omega_k^+ - \omega_k^- = \int_\Omega (K - k)dA = \int_\Omega KdA - kA$$

et que, d'après la formule de Gauss-Bonnet, $\int_\Omega KdA = 2\pi\chi - \tau$, on a $\omega_k^+ - 2\pi\chi = \omega_k^- - \tau - kA$ donc l'inégalité équivaut à

$$L^2 + 2(\omega_k^- - \tau)A - kA^2 \geq 0.$$

C'est sous cette forme que nous allons la démontrer.

Mais tout d'abord nous allons simplifier un peu le problème en approchant le domaine Ω par des k-polyèdres.

6.2.3 Approximation par des k-polyèdres

Définition 6.2.9. Un *polygone* de Ω est une courbe continue et fermée sur Ω composée d'une réunion finie de géodésiques.

Définition 6.2.10. Un *k-plan* est le plan euclidien $\mathbb{R}^2$ si $k = 0$, la sphère de rayon $\frac{1}{\sqrt{k}}$ si $k > 0$ et le plan de Lobachevsky de courbure k si $k < 0$.

Définition 6.2.11. Un *k-polyèdre* est une sous-variété de dimension 2 d'un k-plan que l'on peut paver par des triangles du k-plan.

Le théorème suivant, que nous admettons, va nous permettre de prouver l'inégalité 6.1 en nous restreignant à des k-polyèdres.

Théorème 6.2.12. *Soit $\Omega \subset M$ une partie d'adhérence compacte dont le bord est une union finie de courbes rectifiables. Alors il existe une suite croissante (Ω_i) de parties de Ω telle que $\cup\Omega_i = \Omega$ et telle que chaque Ω_i est délimité par un nombre fini de polygones de Ω. On peut alors trianguler Ω_i et associer à chaque triangle un triangle du k-plan dont les côtés ont même longueur. On construit ainsi un k-polyèdre compact P_i associé à G_i, et la suite (P_i) vérifie les propriétés suivantes :*

1. *la distance de P_i converge uniformément vers la distance de Ω,*
2. *les courbures relatives de P_i convergent vers la courbure relative de Ω : $\omega_k^{\pm}(P_i) \longrightarrow \omega_k^{\pm}(\Omega)$,*
3. *l'aire de P_i (resp. la longueur de $\partial\Omega$) converge vers l'aire de Ω (resp. la longueur de $\partial\Omega$).*

Démontrons maintenant l'inégalité isopérimétrique dans le cas d'un polyèdre.

Démonstration (du théorème 6.2.8). Soit G un k-polyèdre connexe compact de bord non vide ∂G. On va utiliser les notations suivantes

$$\begin{aligned} P_t &= \{x \in G : d(x, \partial G) < t\} \\ G_t &= \{x \in G : d(x, \partial G) > t\} \\ l_t &= \{x \in G : d(x, \partial G) = t\} \\ r &= \sup\{d(x, \partial G) : x \in G\} \end{aligned}$$

On notera de plus $f(t)$ l'aire de P_t et $l(t)$ la longueur de l_t.

La preuve repose sur les deux lemmes suivants (admis) :

Lemme 6.2.13. *Le bord l_t de G_t est une union finie de polygones du k-plan.*

Lemme 6.2.14. *La fonction f est continue sur $[0, r]$ et deux fois dérivable sur $[0, r[\backslash S$, avec $f'(t) = l(t)$ et*

$$f''(t) \leq -\omega(P_t) - \tau(G)$$

En multipliant l'inégalité ci-dessus par $2f'$ et en intégrant entre 0 et t (pour $t \in [0, r[$) on obtient

$$\int_0^t 2f'(x)f''(x)dx \leq -2\int_0^t (\omega(P_t) + \tau(G))f'(x)dx.$$

On reconnaît sous l'intégrale de gauche la dérivée de f'^2, et pour le terme de droite on utilise l'égalité

$$\omega(P_t) = kf(t) + \omega_k^+(P_t) - \omega_k^-(P_t)$$

qui découle de la définition de ω et de $\omega_k^\pm$. On obtient ainsi, sachant que $f'(0) = l(0) = L$,

$$f'(t)^2 - L^2 \leq -2k\int_0^t f(x)f'(x)dx + 2f(t)\left(\omega_k^-(P_t) - \omega_k^+(P_t) - \tau(G)\right)$$

ce qui donne, en remarquant que $\omega_k^+(P_t) \geq 0$ et que l'intégrale se calcule aisément car on connait une primitive de ff',

$$L^2 + 2(\omega_k^-(P_t) - \tau(G))f(t) - kf(t)^2 \geq f'(t)^2.$$

Comme f est continue sur $[0, r]$, en faisant tendre t vers r dans cette inégalité on obtient, compte tenu du fait que $f(r) = A$ et que $f'(r) = 0$, le résultat souhaité :

$$L^2 + 2(\omega_k^- - \tau)A - kA^2 \geq 0.$$

□

6.2.4 Conséquences de l'inégalité

L'inégalité que nous avons prouvée permet de retrouver plusieurs inégalités connues comme cas particuliers.

Si M est le plan euclidien $\mathbb{R}^2$ alors $K = 0$ et $\chi = 1$. En choisissant $k = 0$ on trouve alors $\omega_k^+ = 0$ donc notre inégalité se réécrit $L^2 - 4\pi A \geq 0$. On retrouve ainsi l'inégalité isopérimétrique classique pour les domaines du plan, que l'on a établie en 1.2.2 en prouvant que le cercle minimise le rapport $\frac{L^2}{A}$.

Si M est une sphère de rayon R, sa courbure de Gauss K est égale à $\frac{1}{R^2}$ donc, pour $k = \frac{1}{R^2}$ on a $\omega_k^+ = \int_\Omega (K-k)^+ dA = 0$ d'où $L^2 - 4\pi A + \frac{A^2}{R^2} \geq 0$. En choisissant pour Ω une calotte sphérique, on trouve par un calcul simple que la quantité $L^2 - 4\pi A + \frac{A^2}{R^2}$ vaut précisément 0, ce qui montre que, sur la sphère, les calottes sphériques sont des domaines optimaux (au sens de l'inégalité isopérimétrique).

Chapitre 7

Conclusion

7.1 Introduction

L'objectif de cette dernière partie est d'évoquer quelques inégalités célèbres qui auraient également pu nous conduire à l'inégalité isopérimétrique.

7.2 Théorèmes et inégalités

Ce schéma synthétise les différentes inégalités plus générales abordées dans cette dernière partie.

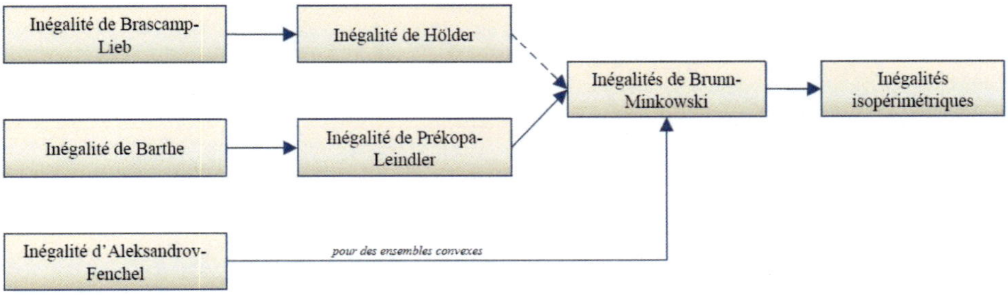

FIGURE 7.1 – Relations d'implication entre ces différentes inégalités

7.2.1 Inégalités de Prékopa-Leindler et de Hölder

Rappelons ici l'inégalité de Prékopa-Leindler, démontrée en partie 4. Soit f, g et h trois fonctions intégrables positives définies sur $\mathbb{R}^n$ et $\lambda \in [0,1]$. Supposons que :

$$\forall (x,y) \in \mathbb{R}^n \times \mathbb{R}^n, \left[h((1-\lambda)x + \lambda y) \geqslant f(x)^{1-\lambda} g(x)^{\lambda}\right].$$

Alors :

$$\int_{\mathbb{R}^n} h(x)dx \geqslant \left(\int_{\mathbb{R}^n} f(x)dx\right)^{1-\lambda} \left(\int_{\mathbb{R}^n} g(x)dx\right)^{\lambda}.$$

Comme vu en section 4.4, l'inégalité de Prékopa-Leindler permet d'aboutir rapidement à l'inégalité de Brunn-Minkowski généralisée et à l'inégalité isopérimétrique.

Cette inégalité peut aussi être vue comme une réciproque de l'inégalité de Hölder avec l'inégalité inversée. Rappelons que, si $f_i \in L^{p_i}(\mathbb{R}^n)$ et $p_i \geq 1$ pour $i = 1, ..., m$ sont des entiers positifs vérifiant

$$\frac{1}{p_1} + ... + \frac{1}{p_m} = 1,$$

alors l'inégalité de Hölder dans $\mathbb{R}^n$ stipule que

$$\int_{\mathbb{R}^n} \prod_{i=1}^{m} f_i(x)dx \leqslant \prod_{i=1}^{m} \|f_i\|_{p_i} = \prod_{i=1}^{m} \left(\int_{\mathbb{R}^n} f_i(x)^{p_i} dx\right)^{1/p_i},$$

alors que l'inégalité de Prékopa-Leindler peut s'écrire également

$$\bar{\int}_{\mathbb{R}^n} \sup \left\{ \prod_{i=1}^{m} f_i(x_i) : \sum_{i=1}^{m} \frac{x_i}{p_i} = z \right\} dz \geqslant \prod_{i=1}^{m} \|f_i\|_{p_i},$$

avec les même hypothèses sur les p_i. L'inégalité de Prékopa-Leindler est donc ainsi une forme réciproque de l'inégalité de Hölder.

7.2.2 Les inégalités de Barthe et de Brascamp-Lieb

Chaque matrice A de $M_{m,n}(\mathbb{R})$ définit une application linéaire de $\mathbb{R}^n$ dans $\mathbb{R}^m$, et cette application peut aussi être notée A. L'adjoint A^* de A est alors une matrice $n \times m$ ou une application de $\mathbb{R}^m$ dans $\mathbb{R}^n$ vérifiant $Ax \cdot y = x \cdot A^* y$ pour tous $y \in \mathbb{R}^m$ et $x \in \mathbb{R}^n$.

Soit $c_1 > 0$ et $n_i \in \mathbb{N}, i = 1, ..., m$ avec $\sum_i c_i n_i = n$. Soit $f_i \in L^1(\mathbb{R}_i^n)$ des fonctions positives et soit $B_i : \mathbb{R}^n \to \mathbb{R}_i^n$ des surjections, pour $i = 1, ..., m$. Alors nous avons :

Théorème 7.2.1. *(Inégalité de Brascamp-Lieb)*

$$\int_{\mathbb{R}^n} \prod_{i=1}^m f_i(B_i x)^{c_i} dx \leqslant D^{-1/2} \prod_{i=1}^m \left(\int_{\mathbb{R}^{n_i}} f_i(x) dx \right)^{c_i}$$

et

Théorème 7.2.2. *(Inégalité de Barthe)*

$$\int_{\mathbb{R}^n} \sup \left\{ \prod_{i=1}^m f_i(z_i)^{c_i} : x = \sum_i c_i B_i^* z_i, z_i \in \mathbb{R}_i^n \right\} dx$$

$$\leq D^{-1/2} \prod_{i=1}^m \left(\int_{\mathbb{R}^{n_i}} f_i(x) dx \right)^{c_i},$$

où

$$D = \inf \left\{ \frac{\det(\Sigma_{i=1}^m c_i B_i^* A_i B_i)}{\Pi_{i=1}^m (\det A_i)_i^c} : A_i \in S_n^{++}(\mathbb{R}) \right\}.$$

Dans le cas particulier où $n_i = n, B_i = I_n$, l'identité de $\mathbb{R}^n$, en remplaçant f_i par f_i^{1/c_i} et en prenant $c_i = \frac{1}{p_i}$, $i = 1, ..., m$, nous avons $\sum_i 1/p_i = 1$ et la log-concavité du déterminant d'une matrice définie positive donnent $D = 1$. Par conséquent, l'inégalité de Brascamp-Lieb permet de retrouver l'inégalité de Hölder :

$$\int_{\mathbb{R}^n} \prod_{i=1}^m f_i(x) dx \leqslant \prod_{i=1}^m \|f_i\|_{p_i}.$$

Avec $m = 2$, $n_i = n$, $B_i = I_n$, en remplaçant f_i par f_i^{1/c_i} et en prennant $c_1 = \lambda = 1 - c_2$, on a $D = 1$: l'inégalité de Barthe fournit celle de *Prékopa-Leindler.*

Les inégalités de Barthe et de Brascamp-Lieb forment donc deux chemins parallèles qui fournissent respectivement les inégalités de Prékopa-Leindler et de Hölder, ces inégalités étant elles-même liées à l'inégalité de Brunn-Minkowski et donc à l'inégalité isopérimétrique. Le lecteur intéressé par les relations entre l'inégalité de Hölder et les inégalités isopérimétriques pourra consulter [9].

7.2.3 L'inégalité d'Aleksandrov-Fenchel

L'inégalité d'Aleksandrov-Fenchel est une inégalité portant sur les convexes faisant intervenir la notion de volume mixte. Avant d'énoncer cette inégalité, penchons-nous donc sur la définition du volume mixte.

Question. *Qu'est-ce que le volume mixte ?*

Nous allons nous placer dans $\mathbb{R}^n$ pour le construire, mais ce procédé se généralise à $\mathbb{K}^n$ pour $\mathbb{K}$ un corps quelconque. Soit V un espace vectoriel de dimension finie n, et $\mathcal{K}(V)$ l'ensemble des convexes compacts de V. Etant donné une mesure de Lebesgue sur V, on peut définir le volume $vol(K)$ pour tout $K \in \mathcal{K}(V)$. Un théorème très utile pour démontrer cela est le suivant :
L'application de $\mathcal{K}$ dans $\mathbb{R}$ qui à K associe $vol(K)$ est un polynôme homogène de degré $dim(V)$, c'est-à-dire que pour tout K et L dans $\mathbb{R}^n$, on a $vol(K + tL) = \sum_{j=0}^{m} a_j(x, y)t^j$. Or pour tout polynome homogène f de degré n on montre qu'il existe une unique application n-linéaire symétrique $\overline{f}$ vérifiant $\overline{f}(x, ..., x) = f(x)$ (voir par exemple [13]).

L'unique forme n-linéaire symétrique de $\mathbb{R}^n$ qui vérifie

$$V(K, ..., K) = vol(K)$$

est alors appelée volume mixte de $K_1, ..., K_n$.

Proposition 7.2.3. *Quelques propriétés du volume mixte :*

$$V(K,...,K) = vol(K)$$
$$nV(B,K,...,K) = \lim_{\epsilon \to 0} \frac{vol(K+\epsilon B) - vol(K)}{\epsilon} = A(K)$$

Cette seconde égalité fournit donc le lien entre volume mixte et aire.

Revenons maintenant à l'inégalité qui nous intéresse : l'inégalité d'Aleksandrov-Fenchel stipule que si $K_1, ..., K_n$ sont des ensembles de convexes compacts de $\mathbb{R}^n$ et $1 \leqslant i \leqslant n$ alors

$$V(K_1, K_2, ..., K_n)^i \geqslant \prod_{j=1}^{i} V(K_j, ..., K_j, K_{i+1}, ..., K_n).$$

Cette inégalité fournit l'inégalité isopérimétrique. En prenant $i = n$, l'inégalité devient

$$V(K_1, K_2, ..., K_n)^n \geqslant \prod_{j=1}^{n} V(K_j, ..., K_j),$$

soit

$$V(K_1, K_2, ..., K_n)^n \geqslant \prod_{j=1}^{n} vol(K_j).$$

En fixant $K_1 = B$ et $K_2 = K_3 = ... = K_n = K$, on obtient

$$V(B, K, ..., K)^n \geqslant vol(B)vol(K)^{n-1}.$$

Nous avons également

$$V(B, K, ..., K) = A(K)/n \text{ et } A(B) = nvol(B)$$

d'où l'on tire que

$$\left(\frac{A(K)}{A(B)}\right)^n \geqslant vol(B)^{-n} vol(B) vol(K)^{n-1},$$

i.e. :

$$\left(\frac{A(K)}{A(B)}\right)^n \geqslant \left(\frac{vol(K)}{vol(B)}\right)^{n-1}.$$

7.3 Relations entre les propriétés et inégalités

Ce dernier schéma synthétise la démarche du recueil, les propriétés démontrées, et leurs liens logiques. Le sens des flèches correspond au sens des démonstrations, l'hypothèse pointant vers la conclusion.

Les cases bleues représentent les *méthodes* qui mènent vers les *résultats* en beige. Les numéros de sections sont indiqués en ***gras italique***, tandis que les numéros de théorèmes sont indiqués en **gras**.

Les inégalités isopérimétriques forment donc un vaste champ d'étude, en partie encore en recherche active. Elles parcourent comme annoncé tous les types de mathématiques (analyse, algèbre, géométrie), et trouvent des prolongements dans de nombreuses autres sciences : physique, chimie, informatique et économie. Nous espérons avoir explicité les nombreux liens entre ces domaines.

7.4 Ouverture

Face à un sujet aussi vaste, de nombreuses ouvertures étaient possibles. Nous aurions pu notamment étudier d'autres affaiblissements d'hypothèses, d'autres généralisations, des applications à d'autres sciences, notamment la statistique. Nous avons choisi de conclure ce recueil par l'énoncé suivant qui correspond à une forme plus précise de l'inégalité isopérimétrique pour le cas des compacts convexes du plan avec la minoration de la différence entre les deux membres de l'inégalité isopérimétrique (cf. [13]).

Théorème 7.4.1. *(L'inégalité isopérimétrique pour les compacts convexes en dimension 2) Soit K un compact convexe du plan d'intérieur non vide. Soit r le plus grand rayon d'un cercle inscrit dans K et R le plus petit rayon d'un cercle circonscrit à K. Alors on a*

$$L(\partial K)^2 - 4\pi \mathrm{vol}(K) \geqslant \pi^2 (R-r)^2.$$

Cette inégalité contient l'inégalité isopérimétrique classique ($\pi^2(R - r)^2 \geqslant 0$), ainsi que son cas d'égalité : $\pi^2(R-r)^2$ est minimum et s'annule

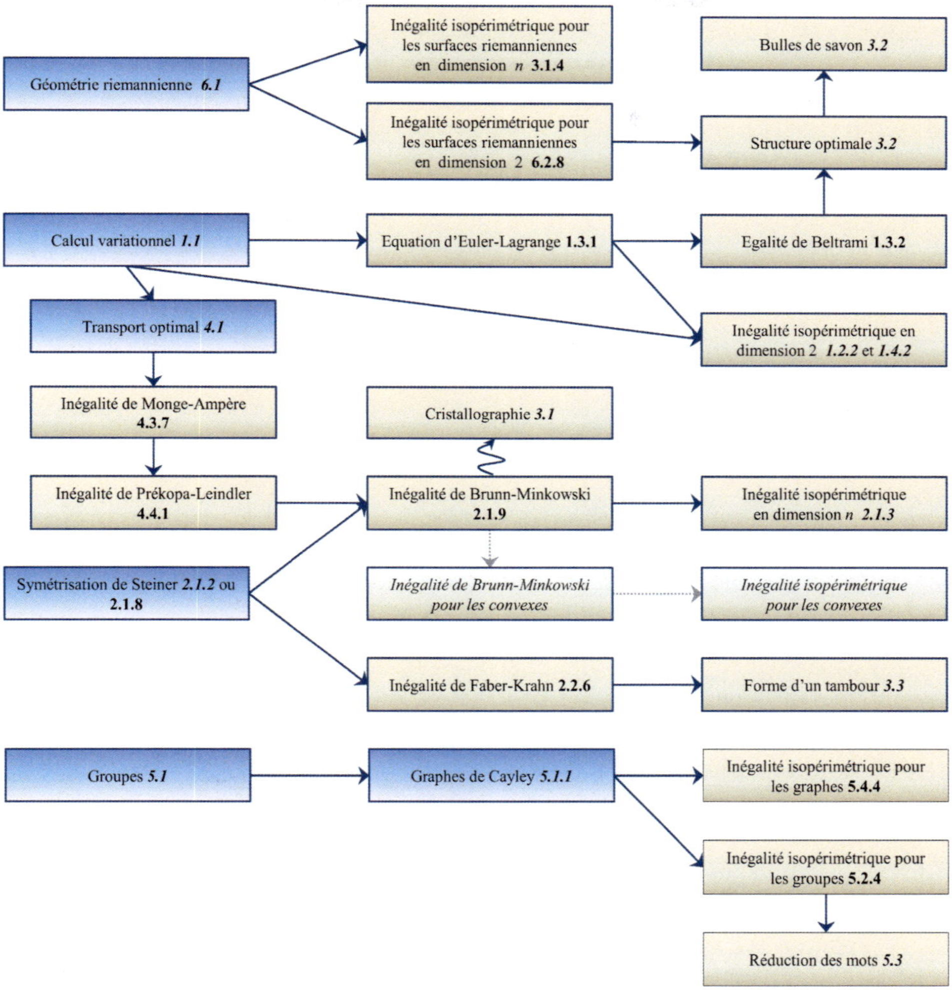

FIGURE 7.2 – Vue d'ensemble des interactions au sein du recueil

pour $r = R$, soit lorsque K un disque, et on a alors égalité. Cette inégalité fournit donc un terme correctif.

On peut s'interroger sur l'optimalité de ce terme correctif. Pour un couple (r, R) donné, et un périmètre donné, existe-t-il toujours un convexe qui réalise l'égalité avec le terme correctif ? La réponse est oui, en prenant une ellipse de demi-axes r et R (égalité si et seulement si $L(\partial K) = \pi(r+R)$ et $\mathrm{vol}(K) = \pi r R$).

Cette nouvelle inégalité entraîne donc que, à périmètre fixé, et à rayon maximal du cercle inscrit et rayon minimal du cercle circonscrit fixés, l'ellipse est un convexe minimisant le volume dans le plan.

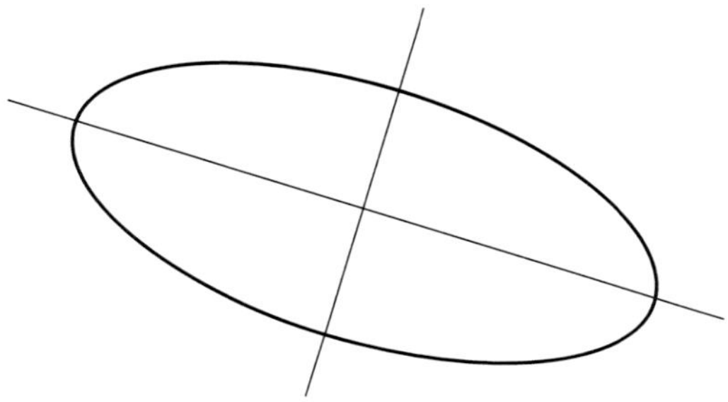

FIGURE 7.3 – Convexe minimisant le volume

Bibliographie

[1] Allaire (G.), *Analyse numérique et optimisation*, Éditions de l'École Polytechnique, 2005

[2] Bandle (C.), *Isoperimetric inegalities and Application*, Pitman, 1980

[3] Bérard (P.), *On ne peut pas entendre la forme d'un tambour*, 2004

[4] Berger (M.), Gostiaux (R.), *Géométrie différentielle, variétés, courbes et surfaces*, Presses Universitaires de France, 1987

[5] Burago (Y.), Zalgaller (V.), *Geometric Inequalities*, Springer, 1988

[6] Chavel (I.), *Isoperimetric inequalities*, Cambridge tracts in mathematics, 2001

[7] Coulhon (T.), Saloff-Coste (L.), *Isopérimétrie pour les groupes et les variétés*, Revista Mathematica Iberoamericana, Vol. 9, N. 2, 1993

[8] Even (C.), *Vibration d'une membrane smectique : rôle du contour*, Thèse, 1999

[9] Gardner (R.),*The Brunn-Minkowski Inequality*, Bulletin of the American Mathematical Society, Vol 39

[10] Gromov (M.), *Hyperbolic groups*, Essays in group theory, 75–263, Math. Sci. Res. Inst. Publ., 8, Springer, New York, 1987

[11] Gruber (P. M.), Wills (J. M.), *Handbook of convex geometry*

[12] Hildelrandt (S.), Tromba (A.), *Mathématiques et formes optimales*, Belin, 1998

[13] Hörmander (L.), *Notions of convexity*, Modern Birkhäuser Classics, 2007

[14] Levitt (G.), *Un peu de géométrie des groupes*, Images des mathématiques, 2004

[15] McCann (R.), *Existence and uniqueness of monotone measure-preserving maps*, Duke mathematical journal, 1995

[16] Pansu (P.), *Profil isopérimétrique, métriques périodiques et forme d'équilibre des cristaux*, 1999

[17] Pratelli (A.), *Existence of optimal transport maps and regularity of the transport density in mass transportation problems*, Ph.D thesis of the Scuola Normale Superiore, Pisa, 2003

[18] Villani (C.), *Topics in Optimal Transportation*, Graduate Studies in Mathematics, 2003

[19] Viterbo (C.), *Inégalités Isopérimétriques*, Note rédigée par C.Cazenave, T.Dedieu et N.Duc-Manh, 2006

[20] Viterbo (C.), *Équations Différentielles et Systèmes Dynamiques*, Cours de l'École Polytechnique, 2008

[21] Weisstein (E.), *CRC Concice Encyclopedia of Mathematics*, Chapman and Hall/CRC, 2002

Dans la même collection

Biologie

Introduction à la génétique moderne. P. Monget et R. A. Veitia. 324 pages - ISBN 978-2-7302-1620-3.

Bioinformatique. Génomique et post-génomique - F. Dardel et F. Képès - 250 pages - ISBN 2-7302-0927-1

Chimie

Chimie moléculaire des éléments de transition - F. Mathey et A. Sevin - 300 pages - ISBN 2-7302-0714-7

Les orbitales moléculaires dans les complexes - avec Exercices et Corrigés - Y. Jean
350 pages - ISBN 2-7302-1024-5

Chimie moléculaire, sol-gel et nanomatériaux - R. Corriu et Nguyen T.-A.
208 pages - ISBN 978-2-7302-1413-1

Introduction à la chimie quantique - P. Hiberty et Nguyen T.-A. - 320 pages - ISBN 978-2-7302-1485-8

Informatique

Introduction à la théorie des langages de programmation - G. Dowek, J.-J. Lévy
112 pages - ISBN 978-2-7302-1333-2

Les principes des langages de programmation - G. Dowek - 176 pages - ISBN 978-2-7302-1526-8

Les démonstrations et les algorithmes : introduction à la logique et la calculabilité - G. Dowek - 200 pages - ISBN 978-2-7302-1569-5

Économie

Introduction à la microéconomie - N. Curien
110 pages - ISBN 2-7302-0722-8 - ISBN 978-2-7302-0722-5

Introduction à l'analyse macroéconomique - P.-A. Muet - 208 pages - ISBN 2-7302-1140-3

Économie de l'entreprise - J.-P. Ponssard, D. Sevy, H. Tanguy (2e édition)
316 pages - ISBN 978-2-7302-1244-1

Corporate Social Responsibility? From Compliance to Opportunity - P. Crifo, J.-P. Ponssard - 298 pages - ISBN 978-2-7302-1568-8

Économie du climat. Pistes pour l'après-Kyoto - J.-P. Ponssard et O. Godard - 314 pages
ISBN 978-2-7302-1576-3

Mathématiques

Le problème de Kepler. Histoire et théorie - A. Guichardet - 102 pages - ISBN 978-2-7302-1596-1

Autour des inégalités isopérimétriques - Sous la direction de Alessio Figalli - 130 pages
ISBN 978-2-7302-1573-2

Éléments d'analyse et d'algèbre (et de théorie des nombres) - Nouvelle édition - P. Colmez - 678 pages
ISBN 978-2-7302-1587-9

Transversalité, Courants et Théorie de Morse. Un cours de topologie différentielle (exercices proposés par François Labourie) - F. Laudenbach - 200 pages - ISBN 978-2-7302-1585-5

Groupes et représentations - D. Renard - 223 pages - ISBN 978-2-7302-1571-8

Milieux continus en transformations finies. Hyperélasticité, Rupture, Élastoplasticité - C. Stolz - 278 pages - ISBN 978-2-7302-1562-6

Éléments d'analyse et d'algèbre (et de théorie des nombres) - P. Colmez -488 pages-ISBN 978-2-7302-1563-3

Cours d'analyse - J.-M. Bony - 272 pages - ISBN 2-7302-0775-1

Calcul différentiel et intégral - F. Laudenbach - 220 pages - ISBN 2-7302-0724-4

Méthodes mathématiques pour les sciences physiques - J.-M. Bony - 217 pages - ISBN 2-7302-0723-6

Siméon-Denis Poisson. Les mathématiques au service de la science - Y. Kosmann-Schwarzbach, 550 pages - ISBN 978-2-7302-1584-8

Les théorèmes de Noether - Y. Kosmann-Schwarzbach, avec la collaboration de L. Meersseman
180 pages - ISBN 2-7302-1138-1 (2e édition)

Groupes et symétries. Groupes finis, groupes et algèbres de Lie, représentations - Y. Kosmann-Schwarzbach
222 pages - ISBN 978-2-7302-1257-1 (2e édition)

Algèbre corporelle - A. Chambert-Loir - 200 pages - ISBN 2-7302-1217-5

Calcul variationnel - J.-P. Bourguignon - 348 pages - ISBN 978-2-7302-1415-5

Introduction à la théorie de Galois - D. Hernandez et Y. Laszlo - 226 pages - ISBN 978-2-7302-1593-0

Aspects des systèmes dynamiques - XUPS1994-1996 - N. Berline et C. Sabbah (Comité éditorial)
238 pages - ISBN 978-2-7302-1560-2

Aspects de la théorie du contrôle - XUPS1999 - N. Berline et C. Sabbah (Comité éditorial)
208 pages - ISBN 978-2-7302-1530-5

Groupes finis - XUPS 2000 - N. Berline et C. Sabbah (Comité éditorial)
104 pages - ISBN 2-7302-0751-5

Pavages - XUPS 2001 - N. Berline et C. Sabbah (Comité éditorial) - 112 pages - ISBN 2-7302-0855-0

La fonction zêta - XUPS 2002 - N. Berline et C. Sabbah (Comité éditorial)
206 pages - ISBN 2-7302-1011-3

Distributions - XUPS 2003 - Dans le sillage de Laurent Schwartz - N. Berline et C. Sabbah
(Comité éditorial) - 106 pages - ISBN 2-7302-1095-4

Graphes- XUPS 2004 - N. Berline et C. Sabbah (Comité éditorial) - 84 pages - ISBN 2-7302-1182-9

Théorie algorithmique des nombres et équations diophantiennes - XUPS2005 - N. Berline, A. Plagne et C. Sabbah (Comité éditorial) - 200 pages - ISBN 2-7302-1293-0

Théorie des jeux. Introduction à la théorie des jeux répétés - XUPS 2006 - N. Berline, A. Plagne et C. Sabbah (Comité éditorial) - 152 pages - ISBN 978-2-7302-1366-0

Sur la dynamique des groupes de matrices et applications arithmétiques - XUPS2007 - N. Berline, A. Plagne et C. Sabbah (Comité éditorial) - 160 pages - ISBN 978-2-7302-1418-6

Géométrie tropicale - XUPS2008 - P. Harinck, A. Plagne et C. Sabbah (Comité éditorial) 128 pages - ISBN 978-2-7302-1529-9

Les représentations linéaires et le grand théorème de Fermat - XUPS2009 - P. Harinck, A. Plagne et C. Sabbah (Comité éditorial) - 140 pages - ISBN 978-2-7302-1566-4

Facettes mathématiques de la mécanique des fluides - XUPS2010 - P. Harinck, A. Plagne et C. Sabbah (Comité éditorial) - 118 pages - ISBN 978-2-7302-1578-7

Histoire de mathématiques - XUPS2011 - P. Harinck, A. Plagne et C. Sabbah (Comité éditorial) 118 pages - ISBN 978-2-7302-1595-4

Henri Cartan & André Weil mathématiciens du XXe siècle - XUPS2012 - P. Harinck, A. Plagne et C. Sabbah (Comité éditorial) - 190 pages - ISBN 978-2-7302-1610-4

Aléatoire - XUPS2013 - P. Harinck, A. Plagne et C. Sabbah (Comité éditorial) - 130 pages ISBN 978-2-7302-1622-7

Chaos en mécanique quantique - XUPS2014 - P. Harinck, A. Plagne et C. Sabbah (Comité éditorial) 156 pages - ISBN 978-2-7302-1631-9

Des problèmes à N corps aux Tokamaks - XUPS2015 - P. Harinck, A. Plagne et C. Sabbah (Comité éditorial) - 88 pages - ISBN 978-2-7302-1643-2

Arbres et marches aléatoires - XUPS2016 - P. Harinck, A. Plagne et C. Sabbah (Comité éditorial) 130 pages - ISBN 978-2-7302-1651-7

Une invitation à la théorie géométrique de la mesure - XUPS2017 - P. Harinck, A. Plagne et C. Sabbah (Comité éditorial) 142 pages - ISBN 978-2-7302-1662-3

Journal de l'École polytechnique. Mathématiques - Tome 1 - Année 2014 - 412 pages
ISBN 978-2-7302-1640-1 - ISSN 2429-7100
Journal de l'École polytechnique. Mathématiques - Tome 2 - Année 2015 - 388 pages
ISBN 978-2-7302-1648-7 - ISSN 2429-7100
Journal de l'École polytechnique. Mathématiques - Tome 3 - Année 2016 - 404 pages
ISBN 978-2-7302-1660-9 - ISSN 2429-7100
Journal de l'École polytechnique. Mathématiques - Tome 4 - Année 2017 - 2 volumes
Volume 1 - 518 pages - ISBN 978-2-7302-1669-2 - ISSN 2429-7100
Volume 2 - 494 pages - ISBN 978-2-7302-1670-8 - ISSN 2429-7100

Séminaires, équations aux dérivées partielles - Années 1971 à 2001
Séminaires, équations aux dérivées partielles - Année 2000-2001 - 400 pages - ISBN 2-7302-0834-8

Séminaires, équations aux dérivées partielles - Année 2001-2002 - 364 pages - ISBN 2-7302-0930-1
Séminaires, équations aux dérivées partielles - Année 2002-2003 - 390 pages - ISBN 2-7302-1041-5
Séminaires, équations aux dérivées partielles - Année 2003-2004 - 404 pages - ISBN 2-7302-1183-7
Séminaires, équations aux dérivées partielles - Année 2004-2005 - 404 pages - ISBN 2-7302-1221-3
Séminaires, équations aux dérivées partielles - Année 2005-2006 - 366 pages - ISBN 2-7302-1335-X
Séminaires, équations aux dérivées partielles - Année 2006-2007 - 444 pages - ISBN 978-2-7302-1414-8
Séminaires, équations aux dérivées partielles - Année 2008-2009 - 308 pages - ISBN 978-2-7302-1567-1
Séminaires, équations aux dérivées partielles - Année 2009-2010 - 342 pages - ISBN 978-2-7302-1613-5
Séminaires, équations aux dérivées partielles - Année 2011-2012 - 491 pages - ISBN 978-2-7302-1617-3
Séminaires Laurent Schwartz, EDP et applications - Année 2012-2013 - 356 pages - ISBN 978-2-7302-1626-5
Séminaires Laurent Schwartz, EDP et applications - Année 2013-2014 - 262 pages - ISBN 978-2-7302-1633-3
Séminaires Laurent Schwartz, EDP et applications - Année 2014-2015 - 332 pages - ISBN 978-2-7302-1650-0
Séminaires Laurent Schwartz, EDP et applications - Année 2015-2016 - 264 pages - ISBN 978-2-7302-1658-6
Séminaires Laurent Schwartz, EDP et applications - Année 2016-2017 - 258 pages - ISBN 978-2-7302-1671-5

Mathématiques appliquées

Une exploration des signaux en ondelettes - S. Mallat - 654 pages - ISBN 2-7302-0733-3

Promenade aléatoire - M. Benaïm et N. El Karoui - 316 pages - ISBN 2-7302-1168-3

Analyse numérique et optimisation - G. Allaire - 480 pages - ISBN 978-2-7302-1255-7

Systèmes hyperboliques de lois de conservation. Application à la dynamique des gaz - F. Dubois, B. Després
208 pages - ISBN 2-7302-1253-1

Commande et optimisation de systèmes dynamiques - F. Bonnans et P. Rouchon
286 pages - ISBN 2-7302-1251-5

Les outils stochastiques des marchés financiers. Une visite guidée de Einstein à Black-Scholes - N. El Karoui et E. Gobet - 238 pages - ISBN 978-2-7302-1579-4

Simulation stochastique et méthodes de Monte-Carlo - C. Graham et D. Talay - 210 pages - ISBN 978-2-7302-1582-4

Aléatoire. Introduction à la théorie et au calcul des probabilités - S. Méléard - 280 pages - ISBN 978-2-7302-1575-6

Bases mathématiques de la théorie des jeux - R. Laraki, J. Renault, S. Sorin - 186 pages - ISBN 978-2-7302-1611-1

Méthodes de Monte-Carlo et processus stochastiques : du linéaire au non-linéaire - E. Gobet - 258 pages - ISBN 978-2-7302-1616-6

Recherche opérationnelle : aspects mathématiques et applications - J.-F. Bonnans et S. Gaubert - 398 pages - ISBN 978-2-7302-1641-8

Mécanique

Dynamique de l'atmosphère et de l'océan - P. Bougeault et R. Sadourny - 312 pages - ISBN 2-7302-0825-9

Introduction aux écoulements compressibles et aux fluides hétérogènes - A. Sellier
175 pages - ISBN 2-7302-0764-5

Mécanique des milieux continus - J. Salençon
Tome 1 - *Concepts généraux* - 390 pages - ISBN 978-2-7302-1245-8 (avec CD-Rom)
Tome 2 - *Thermoélasticité* - 344 pages - ISBN 978-2-7302-1419-3 (avec CD-Rom)
Tome 3 - *Milieux curvilignes* - 162 pages - ISBN 978-2-7302-1644-9 (Nouvelle édition 2016)

de l'Élasto-plasticité au Calcul à la rupture - J. Salençon
(accompagné d'un CD-Rom réalisé par J. Salençon) - 266 pages - ISBN 978-2-7302-0915-1

Viscoélasticité pour le calcul des structures - J. Salençon - 160 pages - ISBN 978-2-7302-1557-2

Stabilité des matériaux et des structures - C. Stolz - 206 pages - ISBN 2-7302-1076-8

Milieux continus et transformations finies - C. Stolz - 277 pages - ISBN 978-2-7302-1562-6

Fluides et Solides - E. de Langre - 130 pages - ISBN 978-2-7302-0833-8

Dynamique et vibrations - E. de Langre et A. Chaigne - 152 pages - ISBN 978-2-7302-1521-3

Ondes acoustiques - A. Chaigne - 224 pages - ISBN 2-7302-0840-2

Instabilités, Chaos et Turbulence - P. Manneville - 360 pages - ISBN 2-7302-0913-1

Vibrations des structures couplées avec le vent - P. Hémon - 144 pages - ISBN 2-7302-1332-5

Analyse des solides déformables par la méthode des éléments finis - M. Bonnet et A. Frangi
316 pages - 2-7302-1349-X

Modélisation et calcul des milieux continus - P. Le Tallec - 560 pages - ISBN 978-2-7302-1494-0

Poutres et arcs élastiques. P. Ballard et A. Millard - 312 pages - ISBN 978-2-7302-1561-9

Hydrodynamique de l'environnement. O. Thual - 328 pages - ISBN 978-2-7302-1564-0

Microhydrodynamique et fluides complexes. D. Barthès-Biesel - 292 pages - ISBN 978-2-7302-1572-5

Sport Physics - Paris MMXII - Sous la direction de C. Clanet - 640 pages - ISBN 978-2-7302-1615-9

Matériaux et structures anélastiques - H. Maitournam - 422 pages - ISBN 978-2-7302-1645-6

Physique

Nanomatériaux et applications électroniques. Huit thèmes choisis - R. Ossikovski - 212 pages
ISBN 978-2-7302-1661-6

Physique des Tokamaks - J.-M. Rax - 436 pages - ISBN 978-2-7302-1580-0

Semi-conducteurs : les bases de la théorie k.p - G. Fishman - 742 pages - ISBN 978-2-7302-1497-1

Énergie nucléaire - J.-L. Basdevant, J. Rich et M. Spiro - 340 pages - ISBN 2-7302-0901-8

Mécanique quantique - J.-L. Basdevant et J. Dalibard
(accompagné d'un logiciel téléchargeable développé par M. Joffre) 520 pages - ISBN 978-2-7302-0914-4

Problèmes quantiques - J.-L. Basdevant et J. Dalibard - 214 pages - ISBN 2-7302-1117-9

Principes de la cosmologie - J. Rich, adaptation française J.-L. Basdevant - 400 pages - ISBN 2-7302-0925-5

Introduction à la relativité - A. Rougé - 188 pages - ISBN 978-2-7302-0940-3

Relativité restreinte. La contribution d'Henri Poincaré - A. Rougé - 288 pages - ISBN 978-2-7302-1525-1

Introduction à la physique subatomique - A. Rougé - 448 pages - ISBN 2-7302-1231-0

Physique statistique et illustrations en physique du solide. - C. Hermann - 292 pages - ISBN 978-2-7302-1022-5

Bases physiques de la plasticité des solides - J.-C. Tolédano - 264 pages - ISBN 978-2-7302-1378-3

Physique des électrons dans les solides. Structure de bandes, Supraconductivité et Magnétisme. H. Alloul
Tome 1 - 360 pages - ISBN 978-2-7302-1411-7

Physique des électrons dans les solides. Recueil d'exercices et de problèmes. H. Alloul
Tome 2 - 272 pages - ISBN 978-2-7302-1412-4

www.editions.polytechnique.fr

Achevé d'imprimer en novembre 2018 sur les presses
du Centre Poly-Média de l'École polytechnique.
Dépôt légal : 3e trimestre 2011
ISBN 978 - 2 - 7302 - 1573 - 2. *Imprimé en France*